江西理工大学优秀博士论文文库

大地电磁数据
非线性反演理论与方法

尹 彬 著

北 京
冶 金 工 业 出 版 社
2020

内 容 简 介

本书详细阐述了大地电磁数据的非线性反演理论与方法，全书共分7章，内容包括：绪论、大地电磁正反演理论、果蝇优化算法研究与改进、基于改进果蝇优化算法的大地电磁反演、非线性贝叶斯反演原理、大地电磁数据贝叶斯变维反演、结论与展望。

本书可供从事地球物理勘探和深部矿产勘探的工程技术人员阅读，也可供高校相关专业的师生参考。

图书在版编目(CIP)数据

大地电磁数据非线性反演理论与方法/尹彬著. —北京：冶金工业出版社，2020.5
ISBN 978-7-5024-8473-6

Ⅰ.①大… Ⅱ.①尹… Ⅲ.①大地电磁测深—贝叶斯方法—研究 Ⅳ.①P631.3

中国版本图书馆 CIP 数据核字(2020)第 057870 号

出 版 人　陈玉千
地　　址　北京市东城区嵩祝院北巷 39 号　邮编　100009　电话　(010)64027926
网　　址　www.cnmip.com.cn　电子信箱　yjcbs@cnmip.com.cn
责任编辑　杨　敏　美术编辑　彭子赫　版式设计　禹　蕊
责任校对　卿文春　责任印制　李玉山
ISBN 978-7-5024-8473-6

冶金工业出版社出版发行；各地新华书店经销；北京建宏印刷有限公司印刷
2020 年 5 月第 1 版，2020 年 5 月第 1 次印刷
169mm×239mm；6.25 印张；118 千字；89 页
45.00 元

冶金工业出版社　投稿电话　(010)64027932　投稿信箱　tougao@cnmip.com.cn
冶金工业出版社营销中心　电话　(010)64044283　传真　(010)64027893
冶金工业出版社天猫旗舰店　yjgycbs.tmall.com
(本书如有印装质量问题，本社营销中心负责退换)

前 言

大地电磁法作为一种重要的地球物理勘探手段，现已被广泛应用于研究地壳和上地幔地质构造以及深部矿产勘探。作为连接地球物理观测与解释的桥梁，反演方法研究一直都是学者关注的热点。

本书首先将智能优化算法——果蝇优化算法引入到大地电磁数据反演中，从而避免了线性化迭代方法需要计算偏导数矩阵、对初始模型具有依赖性等缺点。果蝇优化算法具有原理简单、控制参数少，容易程序实现等优点，但通过对标准果蝇优化算法进行分析，发现其在处理高维、多峰的目标函数时存在收敛缓慢、易陷入局部极值的情况，为此对其进行了改进，加入了差分进化算法的交叉操作和变异操作，增加了果蝇的种群多样性，以提高全局优化能力，同时利用变异尺度因子，将果蝇的固定搜索步长方式改为逐步递减的搜索步长，以达到平衡算法全局优化和局部优化的目的。利用多个测试函数对改进的果蝇优化算法进行测试，并与标准果蝇算法以及差分进化算法结果进行了比较，结果表明改进的果蝇优化算法具有寻优快、优化精度高、不易早熟收敛的优点。在此基础上，结合大地电磁反演理论，利用改进果蝇优化算法对大地电磁一维模型进行反演，并利用不同噪声水平的模型对算法进行了测试，结果表明改进的果蝇优化算法能有效地处理大地电磁数据，反演结果精度高，算法鲁棒性好。

本书还对基于贝叶斯理论的统计反演方法进行了研究，对非线性贝叶斯反演的基本原理、目前常见的非线性数值采样方法进行了归纳和总结。贝叶斯反演理论将反演模型参数看成是随机变量，反演的结果是统计意义上的后验概率分布，能直观地对结果进行评价。基于变维反演的思想，利用可逆跳跃马尔科夫链蒙特卡洛方法对一维大地电磁数据进行反演。贝叶斯反演结果基于大量样本，因此采样速度的快慢对算法具有重要影响，为了加快算法收敛速度，利用改进的并行回火技术，将副本之间的相邻交换方式替换为随机交换方式，使得算法能够快速对整个空间进行采样，获得解的大量样本。结果表明变维反演能够有效地对层状介质进行自动分层，有效减少人为因素的干扰，并行回火技术能够加速采样过程收敛。

　　本书的出版得到了江西理工大学的大力支持和帮助，在此致以诚挚的感谢。另外，在撰写过程中参考了有关文献，对文献作者表示衷心的谢意。

　　由于作者水平所限，书中不足之处，恳请广大读者批评指正。

作　者

2019 年 11 月

目　　录

1 绪 论

1.1 引言

电磁法作为地球物理电法勘探的重要分支，按照场源的不同，可以分为主动源（人工场源）电磁法和被动源（天然场源）电磁法，其中大地电磁（magneto-telluric，MT）法是一种以天然电磁场作为场源的电磁勘探方法，根据不同频率的电磁波具有不同的趋肤深度来达到研究地球内部电性结构的目的。由于大地电磁法具有探测深度大（可以从地表至地下上千公里），不受高阻层屏蔽的影响，对低阻层反应灵敏等特点，已经成为了解地球深部电性结构的主要方法之一。目前，大地电磁法在深部岩石圈导电性研究、有色金属矿产勘查、工程勘察、环境监测以及海洋资源勘查等领域的应用范围非常广泛。

大地电磁法主要包括野外数据采集、处理以及反演解释。反演方法的好坏直接影响到最后结果的解释。目前，大部分成熟的反演方法都是基于传统的线性化理论，这些方法将非线性反问题线性化，再利用最优化方法来寻找极值。但是线性化的过程必然会带来误差，而且数据是有限的并且是存在噪声的，这样必然会导致多解性问题的产生，使得反演结果变得不可靠。

随着科学技术的发展和计算机硬件技术的进步，目前，越来越多的地球物理学研究者开始关注直接的完全非线性反演方法。相对于线性化方法，非线性反演方法是有优势的，非线性反演方法将反演问题看作非线性问题直接求解，不存在系统误差，不涉及矩阵求逆计算，降低了计算复杂度，从而提高反演精度。

基于贝叶斯理论的随机反演方法是近年来地球物理反演方法的研究热点之一，不同于以往的确定性方法，贝叶斯方法将参数看成随机变量，反演的结果是后验概率分布。但是由于计算后验概率需要大量样本，对高维空间的采样技术的研究是推动贝叶斯反演研究的基础。

1.2 国内外研究现状

1.2.1 MT 反演研究进展

大地电磁法经过半个多世纪的发展，其反演解释技术已经从最早的一维层状地电结构假设发展到如今快速二维反演甚至直接三维反演成像阶段。早期的大地电磁反演方法都是基于线性反演理论，包括马夸特法、广义逆方法、高斯-牛顿法等方法，这些反演方法经过多年的发展已经相当地成熟并得到了广泛的应用。但是大地电磁的反演问题本质上是非线性的，现有的线性化近似反演方法存在一些问题：

（1）大地电磁反演问题是完全非线性的，线性化近似方法通过将非线性问题近似为线性问题，构造目标函数和线性方程组，这样处理对反演结果会产生影响。

（2）依赖初始模型、容易陷入局部极值。大部分线性化近似反演方法利用的是目标函数的梯度信息，而梯度只指明了搜索区域附近的极值点信息，所以线性化方法强烈依赖于初始模型的选择，不好的初始模型往往导致搜索陷入局部极值。

（3）求解过程往往涉及解大型线性方程组，尤其是面对二维甚至三维反演问题时，方程组未知变量过多，阶数过高，方程组的条件数过大，使得结果误差增加。

20 世纪 90 年代，国内外学者开始将反演方法的研究转到完全的非线性反演方法上，相继引入了一系列完全非线性全局反演算法。

模拟退火算法是一种启发式蒙特卡洛方法，其基本思想来自统计热力物理学（Kirkpatrick et al，1983）。1986 年 Rothman（1986）首次将模拟退火算法引入到地球物理反演，此后，该方法在地球物理反演领域得到了广泛应用（姚姚，1995）。师学明等（1998）将模拟退火算法应用到一维层状介质大地电磁反演。杨辉等（2001；2003）利用快速模拟退火算法（VFSA）实现大地电磁拟二维模拟退火约束反演和带地形的二维大地电磁多参量快速模拟退火约束反演。胡祖志等（2010）对退火方案进行改进，实现了一种并行大地电磁快速模拟退火约束反演。孙欢乐等（2016）结合下降纯形法和模拟退火法各自的优点，利用自适应纯形模拟退火综合优化方法进行大地电磁测深数据反演。

遗传算法是一种基于达尔文生物进化理论的仿生智能优化算法，最早由 Holland 教授提出。其基本思想是生物进化过程中所遵循的适者生存、优胜劣汰原则。遗传算法在地球物理反演领域应用广泛（Stoffa and Sen，1991；石琳珂，1995；张荣峰，1996）。早期的遗传算法存在早熟收敛和计算效率低的问题，一些学者对其进行了改进。师学明等（2000）采用多尺度逐次逼近反演思想建立的多尺度逐次逼近遗传算法进行大地电磁资料的反演。柳建新等（2007）将单纯形搜索与遗传算法结合，在遗传算法中加入一个改进单纯形搜索算子构成混合遗传算法，并采用保留最优群体的方法，使得该混合算法既保留了遗传算法的全局收敛性，又能利用单纯形法快速收敛。柳建新等（2008）还将实数编码技术与遗传算法结合，用于大地电磁测深二维反演。罗红明等（2009）将量子遗传算法引入大地电磁反演，量子遗传算法结合了量子力学理论和遗传算法进化的思想，对传统的遗传编码方式以及种群更新模式都进行改进，利用量子位进行编码，利用量子旋转门定向更新种群，使得算法具有并行运算能力和量子隧道效应，加速收敛，提高了算法全局优化能力。为了提高量子遗传算法的搜索效率，师学明等（2009）对量子遗传算法进行改进，引入自适应的思想，动态调整量子遗传算法的模型搜索空间，并利用改进后的自适应量子遗传算法反演一维层状介质大地电磁数据。

进入 21 世纪，随着科技的进步和计算机硬件的升级，越来越多的新颖的全局优化算法开始应用到大地电磁反演，粒子群、蚁群、人工鱼群、差分进化等算法相继被应用到地球物理反演中。

粒子群算法思想来自自然界中鸟类的迁徙或者觅食行为，其主要特点是规则简单，易于实现，并且需要调节的控制参数少，在工程领域应用广泛。Shaw 和 Srivastava（2007）将 PSO 算法应用到地球物理反演中，以一维直流电测深、激发极化法和大地电磁数据进行反演，取得了较好的结果。另外，PSO 算法还被应用于地震波阻抗反演、地震子波提取问题（易远元等，2009；易远元等，2007；袁三一等，2008）。师学明等（2009）提出阻尼粒子群算法，通过对基本粒子群算法进行改进，提出了一种新的惯性权重参数振荡递减策略，加快了 PSO 算法的收敛速度，并应用到大地电磁理论模型和实测数据反演。目前，POS 算法的研究主要集中于与其他优化算法的结合（谢玮等，2016；周超等，2016），以此来提高算法的收敛速度。

蚁群算法最初被用来求解 TSP 问题，其对目标函数是否可微、连续没有要求，因此很早就被用于求解非线性问题，陈双全等（2005）应用蚁群算法进行地震波阻抗反演。严哲等（2009）将蚁群算法应用于非线性 AVO 反演，针对算法容易出现停滞和扩散问题，对信息素的数量进行了限制。Xu 等（2012）应用蚁群算法反演瑞利波频散曲线，避免反演陷入局部极值。刘双等（2015）基于蚁群算法反演地面和井中磁测数据。

差分进化算法作为一种进化类优化算法，近些年来也被应用到地球物理领域。李志伟等（2006）利用差分进化算法反演地壳速度模型和进行地震定位。闵涛等（2009）将 DE 算法应用到二维波动方程的参数反演中。潘克家等人（2009）提出一种基于 LSQR 算法的混合差分进化算法，利用 LSQR 算法给出 DE 算法的初始种群，提高 DE 算法的计算速度。熊杰等（2012）利用差分进化算法反演大地电磁一维数据，在加入不同噪声后依然取得了较好的结果。王天意（2015）对算法操作算子进行改进，采用双算子策略动态集成的方式提升算法性能，利用改进的差分进化算法对一维和二维的大地电磁数据进行反演，董莉

（2015）将 DE 算法用于 MT 信号的激电信息提取，对 DE 算法进行了改进，在 DE 算法的适应度目标函数中引入最小构造约束，并提出对极化率和电阻率分别约束来提高反演结果的稳定性。

1.2.2 非线性贝叶斯反演进展

前面提到的方法从统计学的角度来讲，都只是获得一个最优估计值，而非线性贝叶斯反演将反演参数看成随机变量，反演的最终目的是希望获得解的后验概率分布，但是直接通过计算获得后验分布这并不现实，因为大多数情况下，后验分布都是高维空间的积分，很难得到解析表达式，只有满足两个条件时才能给出简单的解析表达式（Grandis et al，1999）：（1）数据和参数都满足高斯分布；（2）正演模型是线性的。因此，需要利用非线性方法对模型参数空间直接采样。由于计算机技术的限制，早期的贝叶斯反演仅仅只为获得最大似然估计解就需要大量的计算时间。

1.2.2.1 从蒙特卡洛到马尔科夫链蒙特卡洛

长期以来，地球物理反演的模式都是利用线性化技术解决非线性问题。基于梯度和导数的线性化迭代方法本质上是单点估计，能够给出满足目标函数的"最佳"解，无法对解进行评价。很多时候由于反演问题的多解性，会产生多个完全不同类型的模型同时满足目标函数。这时就需要基于统计理论的贝叶斯反演方法对解进行评价。

蒙特卡洛方法（Monte Carlo，MC）是一种随机搜索方法，是对穷举法的改进，相对于穷举法对全空间所有点进行采样的方式，MC 方法通过随机采样的方式大大降低了计算量（Sambridge and Mosegaard，2002）。MC 方法早在 20 世纪 60~70 年代就被引入到地球物理反演中，分别用于目标函数的最优化搜索和后验分布的采样（Mosegaard and Sambridge，2002）。MC 方法最早是被用于对模型空间的随机搜索寻优，本质上是一种随机最优化方法。直到 80 年代，Rothman（1985）首次利用 MC 方法采样获得了反射地震参数的后验分布，Tarits（1994）利用 MC 方法对合成数据和实际资料进行了一维大地电磁贝叶斯反演，选择每层电阻率和层厚度作为反演参数，层数已知并作为先验信息，对整个参数空间随机采样获得了参数的后验概率分布，并讨论了不同层数对反演结果的影响。Mosegaard 等（1995）利用 MC 方法对重力数据进行了反演，并且讨论了不同的随机游走（random walk，RW）策略对反演结果的影响。

相对于穷举法，MC 方法已经有了很大的进步，但是面对高维非线性问题，MC 方法基于空间均匀采样，所需要的计算量对于现有的计算机来说还是非常的耗时。并且高维问题很多时候并不是均匀分布的，均匀采样会导致大量的采样点集中在对计算贡献不大的点，降低计算效率。重要性采样技术的出现为上述问题的解决提供了可能。

马尔科夫链蒙特卡洛方法（Markov chain Monte Carlo，MCMC）是一种更加智能的随机采样方法。该算法基于马尔科夫链的性质，通过 Metropolis-Hastings 接受准则建立一个平稳分布为 $\pi(x)$ 的马尔科夫链来得到 $\pi(x)$ 的大量样本，是一种动态的蒙特卡洛方法。MCMC 方法是贝叶斯反演使用最多的经典采样方法，应用范围广泛（Grandis et al，2002；Malinverno et al，2005；Erik Rabben et al，2008），Grandis（1999）对 Tarits（1994）的方法进行了改进，加入了光滑约束，利用 MCMC 对一维电阻率模型进行反演。Hong（2009）将遗传算法引入到 MCMC 方法中，提出了一种多尺度的基于实数编码遗传算法的 MCMC 方法，并利用该方法进行了叠前地震波形反演。Chen 等（2012）利用 MCMC 方法进行了大地电磁数据锐边界二维反演并与三维反演结果进行了对比。Buland（2012）利用 MCMC 方法，同时运行多条马尔科夫链，对 CSEM 数据和大地电磁数据进行联合反演。国内学者也做了大量研究，大部分集中在对地震参数的估计。王文涛等（2009）利用 Metropolis 采样方法进行速度和波阻抗反演。张广智等（2011）利用 Metropolis-Hastings 采样方法对叠前地震资料进行反演，获得了横、纵波阻抗反射系数以及密度反射系数的后验分布。张繁昌等（2014）通过贝叶斯理论将地震资料、测井资料和地质统计学信息融合为地层模型参数的后验概率分布，利用马尔科夫链扰动模拟方法实现对后验概率的分布采样，相对于常规确定性地震反演方法，随机反演方法提高了反演精度，实现了储层的精细描述。王保丽等（2015a；2015b）结合 FFT-MA 算法和 GDM 更新算法得到地质统计先验信息，并引入 Metropolis 算法对后验概率密度进行抽样。杨迪琨等（2008）最早利用贝叶斯公式，将一维大地电磁数据作为随机变量进行反演，并在模型空间直接引入地质信息，对反演结果有很好的约束效果。郭荣文（2011）对层状介质大地电磁数据进行贝叶斯反演，通过贝叶斯信息准则确定层参数，然后利用改进的自适应纯形下降模拟退火算法计算得到最大后验概率作为初始模型，并且加入了温度信息，加快马尔科夫链的收敛速度，取得了不错的效果。Titus（2017）等利用 MCMC 方法对二维重力数据进行反演，加入了副本交换技术，使得算法不易陷入局部概率极小区间，提高了计算效率。

1.2.2.2　从固定维数到变维反演

由于采样算法的限制，早期的贝叶斯反演参数个数都是固定的，这就会产生拟合不足或过度拟合的问题。为了解决上述问题，地球物理学家最初将统计学中的贝叶斯信息准则（Bayesian information criteria，BIC）引入到地球物理反演中，BIC 是基于贝叶斯模型选择理论的方法，通过计算并比较不同模型的 BIC 信息来推断模型的最佳参数个数，使得贝叶斯反演的应用范围更加广泛（Sambridge et al，2006；Gallagher et al，2009）。BIC 模型选择方法已经应用于海洋可控源（Gehrmann et al，2016）、海洋声学反演（Dosso et al，2011）、多模态界面波频散曲线反演（李翠琳等，2012）以及具有频率和空间相关性噪声的大地电磁一维反演（Guo et al，2014）。

BIC 的不足之处在于需要对整个参数维度利用最优化方法进行寻优，Green（1995）对 MCMC 方法和 BIC 进行了改进，提出了可逆跳跃马尔科夫链蒙特卡洛（Reversible jump MCMC，RJMCMC）方法，将参数个数也当成未知量，使得采样算法可以直接对不同维数的参数空间进行搜索。RJMCMC 反演方法已经大量应用于地球物理非线性反演中，取得了不错的效果。Malinverno（2002）最早将 RJM-CMC 方法引入到地球物理反演中，首次利用"birth-death"过程对模型进行扰动，利用该方法进行一维直流电阻率反演。地震参数估计一直是利用变维反演方法的热点，Bodin（2009）将 RJMCMC 应用到地震层析成像问题。Agostinetti（2010）和 Bodin（2012）将变维反演用于地震接收函数反演。Tkalčić（2013）对内地核速度结构进行了变维反演研究。Ray 等（2016）应用变维反演方法恢复地下弹性参数的贝叶斯先验模型概率密度函数。最近关于变维反演方法在反演电磁数据上有不少研究进展，Minsley（2011）利用变维方法反演一维频率域航空电磁数据。最新的研究已经从一维反演发展到二维反演，从陆地发展到海洋CSEM（Ray et al，2012；Ray et al，2014）。国内关于变维反演的研究比较少，殷长春（2014）对该算法进行了改进，加入了模型约束项，对比了不同约束项对反演结果的影响，利用 RJMCMC 进行航空电磁数据的贝叶斯变维反演。

1.2.2.3　从少量参数估计到直接二维反演

完全非线性方法的应用离不开计算机技术的发展，上述方法都是基于单条马尔科夫链来实现的。然而面对高维、复杂多极值的参数空间，仅仅通过增加单条马尔科夫链采样次数也无法收敛到满意结果。目前，并行计算思想的引入使得多条链同时计算成为可能。其中"温度"和"进化"的思想是两种不同的指导原则。

温度的引入使得我们可以从更加平滑的似然函数中进行采样。计算时每条链称为一个副本（replica），每个副本与相邻副本之间通过 Metropolis-Hastings 准则进行交换，这种以一定概率交换副本的方法，可以使单个副本能够大大克服能量壁垒的影响，加速收敛。Dosso（2012）利用并行回火技术进行海洋声学反演，首先利用优化方法获得最大似然解，并将其设置为初始模型，加快收敛速度。Ray（2013）在对 CSEM 一维层状介质数据进行反演时，应用标准并行回火方法对 RJMCMC 算法进行加速。Sambridge（2014）对标准并行回火技术进行了改进并应用于地震接收函数，让副本可以与任意其他副本随机进行交换，从而进一步提高了采样效率。

差分进化马尔科夫链（differential evolution Markov chain，DEMC）算法（Ter Braak，2006）将"进化"的思想融入马尔科夫链，吸收了进化算法中种群和变异的概念，将进化算法的变异过程引入到采样更新中，同时运行 N 条马尔科夫链 x_1，…，x_N，每一条链的更新相当于种群中每个个体的变异过程，差分的含义来源于变异时随机选择种群中的两个个体间的差值，并将差值作为个体更新的步长。Vrugt（2008）提出了 DREAM（diffeRential evolution adaptive Metropolis）算法，是对 DEMC 方法采样效率的改进，Vrugt 将其用于水文模型中的参数估计。

DEMC 方法较好地解决了传统 MCMC 方法中采样步长取值和确定采样方向的问题，使得建议分布能有效地朝着后验分布进化，而缺点是需要同时运行的链的数目过多（ $N = d \sim 2d$ ），当参数过多时，计算量成倍增加。Laloy 等（2012）提出了 MT-DREAM 方法（multiple try DREAM），该方法结合了 DREAM 方法以及多点 Metropolis（multiple try Metropolis，MTM）方法，保留了两种方法的优点：（1）对搜索步长和方向能够自适应调整；（2）通过在当前点同时产生多个候选点，能够对高维概率空间进行更加全面的探索；（3）算法的结构决定了它非常适合并行计算，大大提高计算效率。采样效率的提高和算法的智能化使得其直接用于二维反演成为可能，目前该类方法更多的是应用于水文学（Linde et al，2013），在地球物理反演中应用较少，但是有很大的发展空间。Rosas-Carbajal（2014）将二维剖面划分成像素网格，利用 MT-DREAM 方法反演电磁数据。

2 大地电磁正反演理论

2.1 大地电磁理论基础

大地电磁（MT）法是一种利用天然场源来了解地质结构的地球物理勘探方法，该方法不需要人工建立场源、装备轻便，在矿产普查和油气勘探、地下水资源和地热资源调查、地壳和上地幔构造探测、工程地球物理等领域都有着广泛的应用。

麦克斯韦方程组是所有电磁法的理论基础，根据卡尼亚经典大地电磁理论，场源假设为垂直入射地面的平面电磁波，大地介质为均匀水平层状模型，每层介质的电性是均匀各向同性的。麦克斯韦方程组在国际单位制中的表达式为：

$$\nabla \times E = -\frac{\partial B}{\partial t} \tag{2.1}$$

$$\nabla \times H = j + \frac{\partial D}{\partial t} \tag{2.2}$$

$$\nabla \cdot B = 0 \tag{2.3}$$

$$\nabla \cdot D = \rho \tag{2.4}$$

式中，E 为电场强度；H 为磁场强度；$B(=\mu H)$ 为磁感应强度；$D(=\varepsilon E)$ 为电位移矢量；$j(=\sigma E)$ 为传导电流；ρ 为自由电荷密度；σ 和 ε 分别为介质的电导率和介电常数；μ 为真空磁导率。

大地电磁测深所考虑的天然电磁场的频率都是极低的，一般为 $10^{-3} \sim 10^{3}$ Hz，在此条件下，位移电流 $\frac{\partial D}{\partial t}$ 相对于传导电流 j 可以忽略不计，利用傅里叶变换，将时间域的麦克斯韦方程组转换到频率域，取时谐因子 $e^{-i\omega t}$，并且忽略位移电流，则麦克斯韦方程组可以表示为：

$$\nabla \times E = i\omega\mu H \tag{2.5}$$

$$\nabla \times H = \sigma E \tag{2.6}$$

$$\nabla \cdot E = 0 \tag{2.7}$$

$$\nabla \cdot H = 0 \tag{2.8}$$

对式（2.5）两边取旋度，有：

$$\nabla \times \nabla \times E = i\omega\mu(\nabla \times H) \tag{2.9}$$

根据矢量分析公式，有：

$$\nabla \times \nabla \times E = \nabla(\nabla \cdot E) - \nabla^2 E = -\nabla^2 E \tag{2.10}$$

等式右边用式（2.6）代入，得

$$-\nabla^2 E = i\omega\mu\sigma E \tag{2.11}$$

或写成

$$\nabla^2 E - k^2 E = 0 \tag{2.12}$$

其中

$$k = \sqrt{\frac{-i\omega\mu}{\rho}} \tag{2.13}$$

同样的，可以获得

$$\nabla^2 H - k^2 H = 0 \tag{2.14}$$

式（2.12）和式（2.14）称为亥姆霍茨方程，它是电磁场的波动方程。

基于平面电磁波垂直入射的假设，引入笛卡尔坐标系，令 z 轴垂直地表向下，x 轴、y 轴位于地表水平面。假设场源是沿着 x 方向极化的电性源，由于一维模型物性不存在横向变化，因此感应电动势只存在 E_x 和 H_y 分量，总的电磁场表示为：$E = (E_x, 0, 0)$，$H = (0, H_y, 0)$。此时上述亥姆霍茨方程变为：

$$\frac{\mathrm{d}E_x^2}{\mathrm{d}z} - k^2 E_x = 0 \tag{2.15}$$

$$\frac{\mathrm{d}H_y^2}{\mathrm{d}z} - k^2 H_y = 0 \tag{2.16}$$

辅助方程：

$$E_x = \frac{1}{\sigma} \frac{\mathrm{d}H_y}{\mathrm{d}z} \tag{2.17}$$

$$H_y = \frac{1}{i\omega\mu} \frac{\mathrm{d}E_x}{\mathrm{d}z} \tag{2.18}$$

（1）均匀半空间。式（2.15）为一个二阶常微分方程，其一般解表示为：

$$E_x = Ae^{-kz} + Be^{kz} \tag{2.19}$$

式中，A 和 B 是待定的积分常数，由边界条件和初始条件来确定。在均匀半空间无限远处（$z \to \infty$），场 $E_x = 0$，故常数 $B = 0$，可得：

$$E_x = Ae^{-kz} \tag{2.20}$$

代入式（2.18），有：

$$H_y = -\frac{1}{\sqrt{-i\omega\mu\rho}} Ae^{-kz} \tag{2.21}$$

因此可得:

$$Z_{xy} = \frac{E_x}{H_y} = \sqrt{-i\omega\mu\rho} \qquad (2.22)$$

$$Z_{yx} = \frac{E_y}{H_x} = -\sqrt{-i\omega\mu\rho} \qquad (2.23)$$

这表明均匀各向同性介质中,波阻抗是和测量轴方向无关的标量,称为标量阻抗,

$$|Z| = |Z_{xy}| = |Z_{yx}| = \sqrt{-i\omega\mu\rho} \qquad (2.24)$$

通过上式可以获得电阻率信息:

$$\rho = \frac{1}{\omega\mu}|Z|^2 \qquad (2.25)$$

$$\phi = \arg(Z) \qquad (2.26)$$

通过式 (2.25),建立了地表阻抗与地下介质电阻率之间的计算关系式,即可以通过观测地表电磁场的正交分量的值,来计算地下相应深度处介质的电阻率响应值。需要注意的是,地下介质实际上是不均匀的,所以应用上述电阻率计算公式算出的结果应该是地下相应深度的电阻率的等效值,但是大体上能反映地下介质的电性分布情况,故被称为视电阻率。

(2) 一维层状介质。假设地下介质由 n 层水平层状介质所组成,如图 2.1 所示,总共有 $2n-1$ 个参数,各层的电阻率分别为 $\boldsymbol{\rho} = (\rho_1, \rho_2, \cdots, \rho_n)$,层厚度分别为: $\boldsymbol{h} = (h_1, h_2, \cdots, h_{n-1})$。

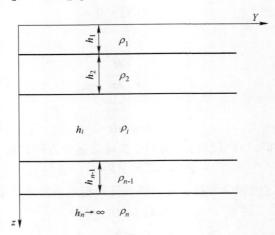

图 2.1　一维 n 层介质模型

根据式 (2.19) 可以推导地层中电场的一般解表达式为:

$$E_x(z) = A_m e^{-k_m z} + B_m e^{k_m z} \qquad (2.27)$$

式中，$k_m = \sqrt{-i\omega\mu/\rho_m}$，表示第 m 层的复波数，根据公式中 E_x 和 H_y 之间的关系，可以得到：

$$H_y = \frac{1}{i\omega\mu} \frac{dE_x}{dz}$$

$$= -\frac{k_m}{i\omega\mu}(A_m e^{-k_m z} - B_m e^{k_m z}) \tag{2.28}$$

因此阻抗：

$$Z_m = \frac{E_x}{H_y} = -\frac{i\omega\mu}{k_m} \cdot \frac{A_m e^{-k_m z} + B_m e^{k_m z}}{A_m e^{-k_m z} - B_m e^{k_m z}} \tag{2.29}$$

故 n 层水平层状介质模型的地表大地电磁阻抗的递推公式：

$$Z_m = Z_{0m} \frac{Z_{0m}(1 - e^{-2k_m h_m}) + Z_{m+1}(1 + e^{-2k_m h_m})}{Z_{0m}(1 + e^{-2k_m h_m}) + Z_{m+1}(1 - e^{-2k_m h_m})} \tag{2.30}$$

式中，k_m 为第 m 层的复传播系数；$Z_{0m} = -\dfrac{i\omega\mu}{k_m}$，为第 m 层的特征阻抗；Z_m 为第 m 层的地面波阻抗。由此可知，对于 n 层水平层状介质，视电阻率可以表示为信号周期和地电参数的函数。式（2.30）即为一维层状介质模型的正演递推公式。

2.2 大地电磁反演理论

地球物理学中的反演问题就是研究利用获得的地球物理观测数据去反推地下地球物理模型特征的理论和方法，反演问题的求解就是找到合适的地球物理模型去拟合观测数据，所以本质上地球物理反演是一个最优化问题，我们进行反演的目的就是寻找到能拟合观测数据的最佳地球物理模型。反演问题的数学关系式为：

$$d = F(m) + e \tag{2.31}$$

式中，d 为观测数据；F 是地球物理模型正演响应函数；m 为模型参数向量；e 为残差。观测数据和正演响应函数的拟合差可以表示为

$$\Phi_d = \| W_d e \|^2 = \| W_d(d - F(m)) \|^2$$

$$= \sum_{i=1}^{N} \left(\frac{d_i - F_i(m)}{\sigma_i} \right)^2 \tag{2.32}$$

由于存在噪声的干扰以及模型参数数量限制，反演问题一般都存在非唯一性问题，即同时有多组解能满足拟合要求，但是真实的模型是唯一的，为了减少多解性，需要利用其他约束条件来对模型结构进行约束，定义模型范数为

$$\Phi_m = \| W_m(m - m_r) \|^2 \tag{2.33}$$

式中，m_r 为包含先验信息的参考模型；W_m 为加权矩阵。式（2.33）只是模型结构约束的一般表达式，不同的 W_m 定义着不同的模型约束 Φ_m。最常见的模型约束形式有以下几种：

最小模型约束，即模型参数平方和最小，表达式为

$$\Phi_m = \| m \|^2 = (m, m) = \min \tag{2.34}$$

最平缓模型约束，即模型变化的一阶导数最小，表达式为

$$\Phi_m = \| \nabla m \|^2 = (\nabla m, \nabla m) = \min \tag{2.35}$$

最光滑模型约束，即模型变化的二阶导数最小，表达式为

$$\Phi_m = \| \nabla^2 m \|^2 = (\nabla^2 m, \nabla^2 m) = \min \tag{2.36}$$

反演问题本质上是一个优化问题，而优化应该包含两层意思，一是使数据拟合差减小到拟合要求，二是使模型约束达到要求，因此反演的目标函数可以表示为

$$\Phi = \Phi_d + \lambda \Phi_m \tag{2.37}$$

式中，Φ_d 为数据拟合差；λ 为正则化因子；Φ_m 为模型约束项。

MT 数据的反演方法研究一直都是 MT 理论研究的核心问题之一，目前诸多 MT 反演方法中，利用目标函数梯度信息将非线性问题线性化的线性化迭代反演方法是目前大地电磁反演的主流方法，下面对大地电磁法常见的线性化反演方法进行介绍。

2.2.1 高斯-牛顿法

高斯-牛顿法的基本思想是将目标函数线性化，利用泰勒级数展开近似地代替非线性的目标函数，取 F 在已知点处的一阶泰勒展开

$$F(m_{k+1}) = F(m_k) + J_k(m_{k+1} - m_k) \tag{2.38}$$

式中，雅克比矩阵 $J_k = J(m_k)$，是正演响应函数的一阶导数。则目标函数的梯度向量与 Hessian 矩阵为

$$g_k = \frac{\partial \Phi}{\partial m} = -2J_k^T W_d^T W_d (d - F(m_k)) + 2\lambda W_m^T W_m(m_k - m_r) \tag{2.39}$$

$$H_k = \frac{\partial^2 \Phi}{\partial m^2} = 2J_k^T W_d^T W_d J_k + 2\lambda W_m^T W_m \tag{2.40}$$

从公式可以看出，高斯-牛顿法通过泰勒展开略去了正演响应 F 的二阶导数项，避免了求二阶导数，类似于牛顿法，其模型更新方式为

$$m_{k+1} = m_k - H_k^{-1} g_k \tag{2.41}$$

2.2.2 马夸特法

马夸特法又叫阻尼最小二乘法，高斯-牛顿法中，由于雅克比矩阵的秩小于

模型参数的个数使得方程组呈病态，导致方程组解的不稳定。Levenberg 和 Marquardt 提出在其系数矩阵主对角元素上添加一个可以调整的系数来调整系数矩阵的特征值，使得方程组的解趋于稳定，即

$$m_{k+1} = m_k - (H_k + \varepsilon_k I)^{-1} g_k \tag{2.42}$$

式中，I 为单位矩阵；ε_k 为一个正数，称为阻尼因子。

马夸特法解决了高斯-牛顿法不适用于混定问题的局限，采用阻尼因子控制步长和搜索方向，通过选取适当的阻尼因子使目标函数逐次收敛到最优解。虽然提高了计算效率，但是阻尼因子的选取会影响收敛速度，甚至可能导致陷入局部极值。

2.2.3 奥卡姆反演

奥卡姆（Occam's inversion）方法是一类基于模型粗糙度约束的反演方法，采用与高斯-牛顿法相同的线性化方法（Constable et al, 1987）。为了考虑对非数据模型构造的压制，在拟合观测数据的基础上，引入模型粗糙度使反演模型简单光滑。

对于一维反演，奥卡姆反演的目标函数定义为

$$\Phi = (\Phi_d - \Phi_d^*) + \lambda \Phi_m \tag{2.43}$$

式中，Φ_d^* 为数据 Φ_d 的期望值。

奥卡姆反演的思想是使反演模型尽量地简单光滑，因此定义了一种描述模型光滑的范数——粗糙度，表达式为

$$\Phi_m = \int \left[\frac{\mathrm{d}}{\mathrm{d}z} (m - m_r) \right]^2 \mathrm{d}z \tag{2.44}$$

或

$$\Phi_m = \int \left[\frac{\mathrm{d}^2}{\mathrm{d}z^2} (m - m_r) \right]^2 \mathrm{d}z \tag{2.45}$$

式中，m 为电阻率。反演的过程就是在数据达到拟合精度的同时，满足粗糙度 Φ_m 最小。当地下模型参数是离散形式时，则用差分来代替式中的微分算子。奥卡姆反演采用与高斯-牛顿法类似的迭代更新过程，即

$$
\begin{aligned}
m_{k+1} &= m_k - H_k^{-1} g_k \\
&= m_k + (J_k^T W_d^T W_d J_k + \lambda W_m^T W_m)^{-1} [J_k^T W_d^T W_d (d - F(m_k)) - \lambda W_m^T W_m (m_k - m_r)] \\
&= m_k + (J_k^T C_d^{-1} J_k + \lambda C_m^{-1})^{-1} [J_k^T C_d^{-1} (d - F(m_k)) - \lambda C_m^{-1} (m_k - m_r)] \tag{2.46}
\end{aligned}
$$

式中，$C_d^{-1} = W_d^T W_d$，表示数据协方差矩阵；$C_m^{-1} = W_m^T W_m$，表示模型协方差矩阵。变换后可得

$$m_{k+1} - m_r = (\lambda C_m^{-1} + J_k^T C_d^{-1} J_k)^{-1} J_k^T C_d^{-1} [d - F(m_k) + J_k(m_k - m_r)]$$

$$= (\lambda C_m^{-1} + J_k^T C_d^{-1} J_k)^{-1} J_k^T C_d^{-1} \hat{d}_k \qquad (2.47)$$

其中 $\hat{d}_k = d - F(m_k) + J_k(m_k - m_r)$。

C. deGroot-Hedlin 和 S. Constable 在一维奥卡姆反演的基础上，提出二维奥卡姆反演（deGroot-Hedlin et al，1990），对粗糙度进行了改进，即同时对垂向和横向添加粗糙度模型约束

$$\Phi_m = \| \partial_y m \|^2 + \| \partial_z m \|^2 \qquad (2.48)$$

式中，∂_y 为模型的横向粗糙度矩阵；∂_z 为模型的垂向粗糙度矩阵。

2.2.4　快速松弛反演

由于奥卡姆方法在进行反演计算时需要进行线性搜索，导致计算量巨大，Smith 等（1991）提出了快速松弛反演方法，利用前次正演获得的电场值，通过积分运算得到视电阻率对模型参数的偏导数，其本质上是一维近似。对大地电磁的 TE 模式和 TM 模式分别定义变量：

$$V = \frac{1}{E} \frac{\partial E}{\partial z} = i\omega\mu_0 \frac{H_y}{E_x} \qquad (2.49)$$

$$U = \frac{\rho}{H} \frac{\partial H}{\partial z} = \frac{E_y}{H_x} \qquad (2.50)$$

建立扰动后的模型参数与随之发生变化的数据之间的线性积分方程为：

$$\delta d_{xy} = \frac{2}{V(y_i, 0)} \delta V = \int \frac{2\sigma_0(z) E_0^2(y_i, z)}{E_0(y_i, 0) H_0(y_i, 0)} \delta(\ln\sigma) \, dz \qquad (2.51)$$

$$\delta d_{yx} = \frac{2}{U(y_i, 0)} \delta U = \int \frac{-2\sigma_0(z) E_0^2(y_i, z)}{E_0(y_i, 0) H_0(y_i, 0)} \delta(\ln\sigma) \, dz \qquad (2.52)$$

式中，δd_{xy} 和 δd_{yx} 分别为 TE 模式及 TM 模式下的观测数据与理论数据之差；$\sigma_0(z)$ 为模型未发生变化时的电阻率；$H_0(y_i, 0)$ 和 $E_0(y_i, 0)$ 分别为模型未发生变化前第 i 个测点地表处的磁场值和电场值；$E_0(y_i, 0)$ 为第 i 个测点下 z 深度的理论电场值。

构造目标函数如下

$$\Phi = \int (z + z_0)^3 \left[\frac{\partial m}{\partial z} + g(z) \frac{\partial m}{\partial y} \right]^2 dz + \beta_i e_i^2 \qquad (2.53)$$

式中，$(z + z_0)^3$ 为对深度的对数的积分；β_i 为模型拟合差和模型构造之间的权衡参数；$g(z)$ 为控制水平和垂向构造的权系数。快速松弛反演采用一维近似计算雅克比矩阵，提高了反演计算效率，但是对初始参数设置要求较高。

2.2.5 非线性共轭梯度反演

前面的基于牛顿法思想的反演方法，都需要计算目标函数的 Hessian 矩阵，会消耗大量计算内存。非线性共轭梯度法最早由 Fletcher 和 Reeves 提出，Rodi（2001）将其应用于大地电磁二维反演，其求解过程如下：

$$\boldsymbol{\Phi}(\boldsymbol{m}_k + \alpha_k \boldsymbol{p}_k) = \min_{\alpha} \boldsymbol{\Phi}(\boldsymbol{m}_k + \alpha \boldsymbol{p}_k)$$

$$\boldsymbol{m}_{k+1} = \boldsymbol{m}_k + \alpha_k \boldsymbol{p}_k \tag{2.54}$$

通过一维搜索确定每一步的步长，因此不需要计算 Hessian 矩阵，搜索方向通过迭代产生，即

$$\boldsymbol{p}_0 = -\boldsymbol{C}_0 \boldsymbol{g}_0 \tag{2.55}$$

$$\boldsymbol{p}_k = -\boldsymbol{C}_k \boldsymbol{g}_k + \beta_k \boldsymbol{p}_{k-1} \tag{2.56}$$

式中，$\boldsymbol{C}_k$ 为预条件因子；β_k 为共轭方向向量加权因子，由下式给出

$$\beta_k = \frac{\boldsymbol{g}_k^{\mathrm{T}} \boldsymbol{C}_k (\boldsymbol{g}_k - \boldsymbol{g}_{k-1})}{\boldsymbol{g}_{k-1}^{\mathrm{T}} \boldsymbol{C}_{k-1} \boldsymbol{g}_k} \tag{2.57}$$

由于不需要计算 Hessian 矩阵，算法具有较快的计算速度以及较小的内存消耗，适合大规模反演问题计算。但是也存在不足，方法比较依赖初始模型，正则化因子需要人为给出。

3 果蝇优化算法研究与改进

长期以来，对"最优解"的寻找一直伴随着人类社会的发展，在日常生活和生产过程中，人们总是希望在解决问题时所用时间最短，消耗的原料最少，产生的价值最高，这是"最优化"问题的最初模式。随着生产力水平的提高，关于寻找最优解的这一类问题的规律逐渐被人们总结，微分法和变分法被用来处理古典的最优化问题，但是并没有形成系统的理论。直到第二次世界大战，由于军事上的需要产生了运筹学，其为战争资源的配置提供了很好的解决方法，战后，优化算法理论开始作为一门新兴学科获得了飞速的发展。

按照优化算法处理问题的方式，可以将目前存在的优化算法分为两大类：确定性算法（也称为传统优化算法）和随机算法（也称为智能优化算法）。传统优化算法包括线性规划、非线性规划、动态规划等方法，此类方法或是直接利用数学解析式求解，或是进行迭代求解。直接求解采用计算目标函数的一阶导数或高阶偏导数来获得极值，直接方法数学理论完备，但是无法解决函数不连续、不可导的情况。迭代求解方法，如单纯形法、爬山法等，都需要根据目标函数和当前解给定一个搜索方向，反复迭代。虽然传统优化方法种类众多，但是其核心的优化思想决定了其存在以下无法克服的局限性：

（1）无法解决不连续、不可导问题，传统优化算法通常需要目标函数是解析函数，即满足连续可导的条件，但是实际应用时很多问题并不满足，这就限制了算法的应用范围。

（2）搜索方法是单一的，传统的优化算法每一次的迭代都是向着改进的方向移动，这样的移动方式决定了每一次的迭代都必须是改善适应值，即向着适应值更高的方向进行移动，如果陷入局部最优点，由于附近没有适应值更高的方向，算法就无法跳出。

针对传统优化算法的上述局限性，研究人员开始关注智能优化算法。20世纪80年代至今，涌现出了大量的智能优化算法，包括遗传算法、粒子群算法、蚁群算法、差分进化算法等。下面对常见的几种智能优化算法进行介绍，介绍内容包括原理、主要步骤、优缺点以及改进方法等。

3.1 智能优化算法概述

3.1.1 遗传算法

遗传算法（genetic algorithm，GA）是一种最基本的智能优化算法，作为一种经典的进化算法，自 Holland 提出之后在国际上已经形成了一个比较活跃的研究领域，遗传算法通过模拟自然界生物进化过程，遵循优胜劣汰、适者生存的原则，优秀的基因被保留，不良基因被剔除，使得整个种群朝着最优的方向进化。

遗传算法主要包括染色体编码方式、个体适应度评价、遗传算子（选择、交叉、变异）以及遗传参数设置等步骤。

（1）染色体编码方式。目前常见的编码方式有二进制编码和实数编码方式。二进制编码方式是遗传算法最常见的一种编码方式，最初的遗传算法就是采用二进制编码。种群中的每个个体称为染色体，可以表示为 $X = (x_1, x_2, \cdots, x_n)$，染色体中的每一位 x 称为一个基因，每个基因以二进制数集 $\{0, 1\}$ 为编码数集，这也是二进制编码名称的来历，采用二进制编码的好处是非常便于对后期的交叉和变异等遗传算子进行操作。

另一种常见的编码方式就是实数编码，实数编码表示每个基因都是由实数生成的，染色体的长度取决于所求参数维度。对于一些高维、高精度要求的连续函数优化问题，实数编码更具有优势。

（2）适应度评价函数。遗传算法中对一个染色体好坏的评价需要通过适应度函数计算，适应度函数设计直接影响到遗传算法的性能。适应度评价的原理是依据个体的适应度大小进行排序并计算选择概率。目前直接以待优化的目标函数作为适应度函数是最常见的做法，但是在许多实际问题中，目标函数可能为负，针对上述问题，需要将优化问题转换成求最大值问题，并且对适应度函数进行调整，满足非负的条件。

（3）遗传算子。遗传算子包括选择算子、交叉算子以及变异算子。选择算子的作用是确保整个种群朝着适应度值高的方向进化，首先利用适应度函数计算种群中每个个体的适应度值，依据适应度值大小，选择种群中优秀的个体生成父代个体。适应度值越高的个体被选择的概率越大，因此可以增大种群中的优秀基因向下一代遗传的概率。常用的选择策略包括排序选择、适应度比例选择等。排序选择策略是将种群中个体按适应度值从大到小排成一个序列，然后再依据设定的规则来选取个体。排序选择策略实际上是将种群中个体的适应度差异转换为序列顺序，选择过程仅与个体的适应度相对变化有关，与适应度值的绝对大小没有必然联系，能够快速提高种群的平均适应度，避免算法早熟收敛。适应度比例选择策略包括赌轮盘选择方法、玻耳兹曼选择等方法，其中赌轮盘选择方法是目前遗传算法中最常见的选择方法，个体适应度越高，其被选中的概率越大。

1）交叉算子。交叉算子是遗传算法的核心操作之一，用来模拟生物进化过程中基因的重组过程。交叉算子通过双亲染色体的交叉来达到基因的部分重组，从而获得两个结合了双亲性状的新的子代个体。交叉操作的方式有很多，有基于基因点位的点式交叉，包括单点交叉、多点交叉等。还有均匀交叉方式，根据概率交换双亲个体的对应字串。

2）变异算子。变异算子主要是模拟生物遗传过程中的基因突变过程，主要用于维持种群的多样性。变异算子通过将染色体上的某些基因位用其他基因来替换，生成新的个体。变异算子的引入使得遗传算法具有了跳出局部极值的能力，当算法陷入局部极值时，通过变异操作迅速获得新个体，从而防止早熟收敛。

遗传算法的基本步骤如下：

（1）初始参数设置。设置种群规模 N，最大迭代次数 G_max，令当前迭代次数 $g=1$。

（2）种群初始化。根据优化问题的特点设计合适的初始化方式，对种群中的 N 个个体进行初始化操作。

（3）适应度评价。根据优化问题的目标函数计算种群中每个个体的适应度（fitness value）。

（4）个体选择。设计合适的选择算子来对种群个体进行选择，被选择的个体将进入交配池中组成父代种群，用于交叉变换以产生新的子代个体。选择策略一般基于个体的适应度来进行，常用的选择策略有赌轮盘策略、锦标赛策略、排序选择策略等。

（5）交叉操作。通常交叉算子的设计要考虑到遗传编码方式，然后根据交叉概率来判断父代个体是否需要进行交叉操作。

（6）变异操作。遗传算法的变异算子主要作用是保持种群的多样性，防止进化过程陷入局部极值。一般根据变异概率来判断父代个体是否需要进行变异操作。

（7）通过交叉和变异操作后生成新的子代种群，令迭代次数 $g=g+1$，进入下一轮迭代（步骤（4）），直到迭代次数达到最大迭代次数 G_max。

3.1.2　粒子群算法

粒子群算法又叫粒子群优化算法（particle swarm optimization，PSO），算法通过模拟自然界中鸟类的迁徙或者觅食行为来进行寻优，最早由 Kennedy 和 Eberhart 于 1995 年提出，PSO 算法与进化类算法如遗传算法有着相似之处，都需要随机初始化种群和迭代更新种群。但是 PSO 算法的不同之处在于其不需要像遗传算法那样对种群个体进行遗传操作（选择、交叉及变异）。PSO 算法中的每个个体称为一个粒子（particle），算法开始运行时，模型搜索空间中的粒子以随机的初始速度飞行，粒子的速度更新过程依据粒子自身的飞行经验以及周围其他粒子的飞行经验进行动态更新，即在算法的迭代寻优过程中，每个粒子根据迭代时自身经历过的最佳位置（即个体最优值）和整个种群的最佳位置来不断地调整自己的飞行方向和速度大小。在 PSO 算法中，待优化问题的解用粒子的位置表示，粒子位置优劣通过计算粒子的适应度来判断，每个粒子由一个速度矢量决定其飞行方向和速度大小。

假设在一个 D 维的目标搜索空间中，有 m 个粒子组成一个群体，其中，在第 t 次迭代时粒子 i 的位置表示为 $X_i(t) = (x_{i1}(t)，x_{i2}(t)，\cdots，x_{iD}(t))$，相应的飞行速度表示为 $V_i(t) = (v_{i1}(t)，v_{i2}(t)，\cdots，v_{iD}(t))$。

在开始执行 PSO 算法时，先将粒子的位置和速度随机初始化，然后通过迭代寻找最优解，在每次的迭代过程中，通过两个极值来更新粒子：一个是粒子群体中全部的粒子到目前为止所经历过的最佳位置，称为全局极值，表示为 $P_g(t) = (p_{g1}(t)，p_{g2}(t)，\cdots，p_{gD}(t))$；另一个极值是粒子自身经历过的最佳位置，称为个体极值，表示为 $P_i(t) = (p_{i1}(t)，p_{i2}(t)，\cdots，p_{iD}(t))$。在第 $t+1$ 次迭代更新时，粒子 i 根据下面的公式来更新自己的速度和位置

$$V_i(t + 1) = V_i(t) + c_1 \cdot \mathrm{rand}_1 \cdot (P_i(t) - X_i(t)) + c_2 \cdot \mathrm{rand}_2 \cdot (P_g(t) - X_i(t))$$

$$(3.1)$$

$$X_i(t + 1) = X_i(t) + \omega \cdot V_i(t + 1) \tag{3.2}$$

从上式可以看出，速度的更新主要由三项构成：第一项是粒子当前的速度；第二项为"自我认知"项，表示粒子自身的经验，可以使粒子飞向自身所经历过的最佳位置；第三项为粒子"群体认知"项，表示粒子整个群体的经验，可以使粒子飞向整个群体的最佳位置。其中，ω 表示惯性权重，用于权衡算法全局和局部搜索能力，当取值较大时会加强算法的全局搜索能力，而较小的取值会使得算法更倾向于局部搜索。常数 c_1 和 c_2 表示学习因子，用于调节局部信息和全局信息的权重。rand_1 和 rand_2 为区间 [0，1] 中的随机数，另外，粒子的速度有一个上限值 $V_{\max}$，如果速度超过该上限值，粒子速度将会被限制为最大值。

粒子群算法的基本流程如下：

（1）在候选解空间随机初始化每个粒子的位置和速度。

（2）计算每个粒子的适应度值。

（3）比较每个粒子的适应度值与个体极值大小，如果较优，则对当前的个体极值进行更新。

（4）比较每个粒子的适应度值与全体极值大小，如果较优，则对当前的全体极值进行更新。

（5）根据公式，更新每个粒子的位置和速度。

（6）如未达到算法停止准则，则返回步骤（2），若达到则停止计算。

3.1.3 蚁群算法

蚁群算法（ant colony optimization，ACO）也是一类仿生进化算法。最早由意大利学者 Dorigo 提出。其灵感来自自然界中蚂蚁在觅食过程中发现路径的行为。蚂蚁作为一种社会性动物，虽然个体行为极其简单，但是蚂蚁群体却能表现出极其复杂的行为特征。

蚁群算法的原理可以通过 Dorigo 所用的例子来描述：图 3.1 模拟蚂蚁寻找食物，在没有障碍物时，蚂蚁最开始会无序寻找路径，经过一段时间后会寻找到最优路径。但是现在巢穴到食物之间存在一个障碍物，使得蚂蚁无法直接找到食物而需要绕过障碍物。因此从 A 处打算走到 E 处的蚂蚁，由于障碍物暂时处于 B，需要决定是向左走还是向右走。而路径的选择会收到以往蚂蚁在路径上留下的信息素影响。如果路径 C 的信息素浓度较大，那么蚂蚁选中路径 C 的概率就相对更大。对于最早到达 B 点的蚂蚁而言，因为没有信息素的影响，所以选择路径 H 和路径 C 的概率是一样的。由于路径 BCD 比路径 BHD 更短，所以选择路径 BCD 的蚂蚁比选择路径 BHD 的蚂蚁先到达 D 点。这会导致从 E 点返回 D 点的蚂蚁发现路径 DCB 的信息素更加强烈（这些信息素都是由随机选择路径 $DCBA$ 返回的蚂蚁和选择路径 BCD 去 E 点的蚂蚁释放的），从而使蚂蚁选择路径 DCB 返回。这样，蚂蚁选择路径 BCD 的概率越来越大，路径 BCD 上的信息素越来越多，信

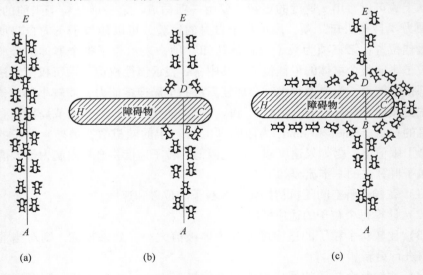

| (a) | (b) | (c) |

图 3.1 蚁群寻优原理

息素的增加导致选择路径 *BCD* 的蚂蚁越来越多，最后使得所有蚂蚁都选择最短路径。蚁群最后形成了一种信息的正反馈现象：某一路径上走过的蚂蚁越多，该路径上的信息素浓度就越高，后来蚂蚁选择该路径的概率就越大。

算法的基本流程如下：

（1）设置参数，初始化路径信息素。

（2）将 N 只蚂蚁置于各自的初始领域中，随机生成 N 组可行解，计算其适应度值。

（3）计算每个蚂蚁的适应度，并检查是否为优化解，记下优化解。

（4）按强度更新信息素。

（5）检查是否全局最优，若不是，返回步骤（3），如果是最优解或是达到最大迭代次数，迭代终止。

3.1.4 差分进化

差分进化（differential evolution，DE）算法是由 Storn 和 Price 为求解切比雪夫多项式在 1995 年提出的一种采用浮点矢量编码在连续空间中进行启发式随机搜索的优化算法（Storn et al，1995；1997）。在 1996 年举行的第一届国际进化优化计算竞赛上，对提出的各种方法进行了现场验证，DE 表现优异，取得了第三名的好成绩（前两名为非进化类算法），被证明是最快的进化算法。与传统的遗传算法相比，具有收敛速度快、控制变量少、易于理解和编程实现等优点。

具体来说，差分进化算法是由种群中 N 个个体在模型空间同时进行直接的搜索。与其他进化算法类似，差分进化算法也包括了种群初始化和进化迭代两个阶段，在种群初始化阶段，随机产生包含 N 个个体（D 维矢量）的种群。在进化迭代阶段，对每个个体执行变异、交叉和选择三种操作，使得种群向着最优方向进化，直到迭代结束。但是不同于遗传算法，差分进化算法在变异和选择操作上有着自己的特点：

（1）传统的遗传算法通过两个父代个体的交叉变异产生两个子代个体，而标准的差分进化算法通过三个父代个体产生一个子代个体。

（2）差分进化算法的变异操作是基于种群中多个个体的差分矢量对单个个体进行扰动，获得子代新个体。

（3）遗传算法子代取代父代是通过某种概率，而差分进化算法中子代取代父代是基于对适应度进行比较，即优秀的子代才能替换父代。

3.1.4.1 差分进化算法主要步骤

标准差分进化算法流程如下：

（1）种群初始化。DE 算法的种群个体是基于实数编码的，对于一个 D 维优化问题，初始化过程就是在 D 维空间里随机产生一个包含 NP 个个体的种群，其中 NP 表示 DE 算法种群规模。假设 t 表示当前进化代数，且 $t = 1, 2, \cdots, t_{\max}$。则当前代数下种群中第 i 个个体表示为：

$$X_i^{(t)} = (x_{i,1}^{(t)}, \ x_{i,2}^{(t)}, \ \cdots, \ x_{i,D}^{(t)}) \tag{3.3}$$

初始化过程要求种群尽量覆盖整个搜索空间，初始化公式如下：

$$x_{i,j}^{(0)} = x_{\min,j} + \mathrm{rand}_{i,j}(x_{\max,j} - x_{\min,j}) \tag{3.4}$$

式中，$\mathrm{rand}_{i,j}$ 为 $[0, 1]$ 区间上均匀分布的随机数；$x_{\max,j}$ 和 $x_{\min,j}$ 分别为种群个体中第 j 维的上界和下界。

（2）差分变异操作。从生物遗传学来讲，变异是指基因或者染色体遗传特征的一种突然变化。而在进化算法中，变异操作其实是对种群个体的改变或扰动。在基本差分进化算法中，随机选择三个父代个体 $X_{R_1^t}^{(t)}$、$X_{R_2^t}^{(t)}$ 和 $X_{R_3^t}^{(t)}$，通过对一对父代个体进行差分操作，获得差分矢量，将差分矢量与另一父代个体合并，获得新的子代个体，具体操作公式如下：

$$V_i^{(t)} = X_{R_1^t}^{(t)} + F \cdot (X_{R_2^t}^{(t)} - X_{R_3^t}^{(t)}) \tag{3.5}$$

式中，F 为变异尺度因子，取值一般限制在 $[0.4, 1]$，用于控制差分矢量大小，进而对搜索步长进行调节；R_1，R_2，R_3 为区间 $[1, D]$ 上的随机数。

上式是基本差分进化算法的最常用的一种变异操作策略"DE/rand/1"，除此之外，目前比较常用的变异操作策略主要有以下几种：

DE/best/1：

$$V_i^{(t)} = X_{\mathrm{best}}^{(t)} + F \cdot (X_{R_1^t}^{(t)} - X_{R_2^t}^{(t)}) \tag{3.6}$$

DE/current-to-best/1：

$$V_i^{(t)} = X_i^{(t)} + F \cdot (X_{\mathrm{best}}^{(t)} - X_i^{(t)}) + F \cdot (X_{R_1^t}^{(t)} - X_{R_2^t}^{(t)}) \tag{3.7}$$

DE/best/2：

$$V_i^{(t)} = X_{\mathrm{best}}^{(t)} + F \cdot (X_{R_1^t}^{(t)} - X_{R_2^t}^{(t)}) + F \cdot (X_{R_3^t}^{(t)} - X_{R_4^t}^{(t)}) \tag{3.8}$$

DE/rand/2：

$$V_i^{(t)} = X_{R_1^t}^{(t)} + F \cdot (X_{R_2^t}^{(t)} - X_{R_3^t}^{(t)}) + F \cdot (X_{R_4^t}^{(t)} - X_{R_5^t}^{(t)}) \tag{3.9}$$

式中，$X_{\mathrm{best}}^{(t)}$ 为当前种群中的最优个体；$X_{R_1^t}^{(t)}$，$\cdots$，$X_{R_5^t}^{(t)}$ 为从种群中随机选择的 5 个不同个体，R_1，$\cdots$，$R_5 \subset [1, \mathrm{NP}]$。

（3）交叉操作。不同于遗传算法，差分进化算法的交叉操作在变异操作之后，常用的交叉算子包括二项式交叉算子和指数交叉算子。在获得变异个体 $V_i^{(t)}$ 后，将变异个体 $V_i^{(t)}$ 与目标个体 $X_i^{(t)}$ 进行交叉操作，获得候选个体 $U_i^{(t)}$

$$u_{i,j}^{(t)} = \begin{cases} v_{i,j}^{(t)} & \text{if } j = \mathrm{rand}(D) \text{ or } \mathrm{rand} \leqslant \mathrm{CR} \\ x_{i,j}^{(t)} & \text{otherwise} \end{cases} \tag{3.10}$$

式中，rand 为［0，1］区间上均匀分布的随机数；CR 为交叉因子，一般在［0，1］区间取值。上述公式表示：在个体的第 j 维上，若随机数 rand 小于交叉因子，则用变异个体代替目标个体，反之用父代个体取代目标个体。CR 的大小会影响交叉操作的结果，CR 较大时，候选个体更倾向于变异个体 $V_i^{(t)}$，反之更倾向于父代个体，为了保证候选个体与父代个体存在至少一维变量的差别，rand（ D ）设置为从［1，D］中随机选择的一个数，否则候选个体有可能会与目标个体相同而无法产生新的个体。

（4）选择操作。不同于遗传算法在对新个体进行选择时利用适应度比例选择策略，差分进化算法的选择操作采取的是贪婪策略，即新个体的适应度若优于父代个体，则用新个体取代父代个体，否则，保持不变。

3.1.4.2 差分进化算法控制参数分析

DE 算法的性能很大程度上受到算法控制参数的影响。DE 算法主要有种群规模、变异尺度因子以及交叉概率三个控制参数。

种群规模一直都是进化类算法的重要控制参数，直接影响着算法的种群多样性。种群规模足够大，种群多样性能得到保证，算法寻优能力得到增强，获得最优解的概率增大。但是种群的增大会伴随着计算效率的降低。因此要在种群多样性和计算效率之间做出权衡。关于 DE 算法种群规模的研究不多，Brest 等（Brest et al，2011）提出一种包含种群缩减技术的自适应的 DE 算法，Yang 等（2015）提出了一种种群多样性自适应优化方法，定义一种种群多样性衡量方法，通过衡量种群的多样性，自适应地对种群规模进行调整。Zhu 等（2013）提出一种基于排序的种群规模自适应动态调整差分进化算法，算法执行时对每一次的进化过程进行监测，如果算法进化时连续多次没有找到更优个体，就引入新的个体对种群进行扩充。如果算法进化时连续多次都能够找到更优秀个体进行更新，那么说明种群规模存在冗余，需要对种群规模进行减少。

变异尺度因子 F 以及交叉概率都是 DE 算法的重要控制参数。类似于搜索步长，尺度因子的大小直接影响 DE 算法的寻优能力，通过调节可以平衡算法的全局搜索能力与局部搜索能力。标准的 DE 算法的尺度因子在寻优过程中是固定的，不同的学者根据所需求解问题的实际情况，提出了一些参数的合适阈值。考虑到大部分的参数设置对问题具有依赖性，人为的调整极度耗费时间，目前，自适应的参数调节方法已成为 DE 算法研究的一个热点。许多对 DE 算法的改进都是基于自适应的调节尺度因子。在算法进化初期，适当的设置大的尺度因子，有利于算法初期迅速搜索到最优解附近，后期通过减小尺度因子，让算法能够快速寻找到最优解。

3.2 果蝇优化算法

自然界中果蝇广泛分布于全球温带及热带气候区，其主要以腐烂的食物为食，因此在人类的栖息地如果园、菜市场等地方皆可以发现其踪迹。果蝇在对周围环境的感知上优于其他物种，尤其是嗅觉和视觉。果蝇的嗅觉可以发现空气中漂浮的各种气味，甚至是 40km 外的食物气味，一只正常果蝇的复眼由 800 个小眼组成，每个小眼又由 8 个细胞凑成一圈。当果蝇沿着气味追踪到食物附近后，果蝇会通过视觉来发现食物以及同伴的具体位置，并朝着该方向飞去。通过仔细观察和研究果蝇觅食的行为，台湾学者潘文超（Pan，2012）基于果蝇觅食行为提出了一种全新的智能优化算法——果蝇优化算法（fruit fly optimization algorithm，FOA）。目前 FOA 已成功被应用于广义回归神经网络参数优化（Pan，2012），支持向量机参数优化，置换流水线调度问题（郑晓龙等，2014）。果蝇优化算法原理如图 3.2 所示。

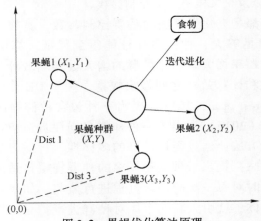

图 3.2　果蝇优化算法原理

3.2.1　标准果蝇优化算法

果蝇优化算法是一类全新的模拟果蝇觅食过程的全局优化算法。根据图 3.2 所示果蝇寻找食物的过程，可以发现果蝇优化算法的基本思想：（1）嗅觉搜索阶段：果蝇具有发达的嗅觉，首先利用嗅觉探测周围环境中的各种气味，并对食物的大致方位进行判断，然后朝着该方向飞去；（2）视觉定位阶段：果蝇通过嗅觉定位飞到食物附近，在其可见范围内，通过视觉精确定位食物位置，飞向食物。因此，果蝇优化算法可以归纳为以下几个步骤：

（1）果蝇种群位置初始化：

$$\text{Init}X\_\text{ axis}$$

$$\text{Init}Y\_\text{ axis}$$

（2）随机给出果蝇个体通过嗅觉进行觅食的方向和距离：

$$X_i = X\_\text{axis} + \text{RandomValue}$$

$$Y_i = Y\_\text{axis} + \text{RandomValue}$$

（3）由于食物的位置未知，因此先计算果蝇个体与初始位置的距离 Dist，然后根据 Dist 计算味道浓度判定值 S（Dist_i 和 S_i 分别表示第 i 只果蝇与初始位置的距离和味道浓度判定值）：

$$\text{Dist}_i = \sqrt{X_i^2 + Y_i^2}$$

$$S_i = 1/\text{Dist}_i$$

（4）将味道浓度判定值 S 代入适应度函数，计算出果蝇个体的味道浓度值：

$$\text{Smell}_i = \text{Function}(S_i)$$

（5）搜寻出果蝇群体中味道浓度最佳的果蝇个体：

$$[\text{bestSmellbestIndex}] = \min(\text{Smell})$$

（6）保存最佳味道浓度值以及相应的 x，y 坐标，然后果蝇个体通过视觉飞向该位置：

$$\text{Smellbest} = \text{bestSmell}$$

$$X\_\text{axis} = X(\text{bestIndex})$$

$$Y\_\text{axis} = Y(\text{bestIndex})$$

（7）最后进入迭代寻优过程，重复执行步骤（2）到步骤（5），将得到的最佳味道浓度值和前一次迭代的味道浓度值进行比较，若是则执行步骤（6）。

标准果蝇优化算法流程图如图 3.3 所示。

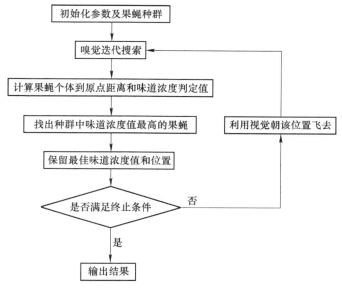

图 3.3 标准果蝇优化算法流程图

3.2.2   FOA 改进策略

相对于其他优化算法，果蝇优化算法控制参数较少，算法思想易于理解，程序设计简单。但是随着研究的深入，依然存在以下不足：

（1）算法收敛速度慢。算法中果蝇个体的步长更新是随机的，对于处于最优值附近的果蝇，随机步长可能导致其无法找到最优解。

（2）自变量无法取负值。果蝇优化算法的距离是基于欧氏距离，即 $Dist_i = \sqrt{X_i^2 + Y_i^2}$，由于定义中平方的存在导致自变量取值正负对距离和味道浓度没有影响，所以无法解决自变量定义域包含负值的情况。

因此有必要对算法的控制参数进行深入研究和分析，总结前人对算法的改进策略，果蝇优化算法的改进主要包括对算法自身性能参数的改进以及与其他优化算法的融合等方式。

（1）种群规模。种群规模大小会对算法的搜索能力和效率产生影响，种群规模越大，寻优能力越强，但是种群规模的增加同时会消耗大量系统内存，使得计算效率降低。因此，在应用时，需要考虑到优化问题的实际情况，合理选择种群规模，既要保证算法的快速寻优能力，同时又要尽量减少系统内存消耗，降低运行时间。

（2）种群初始位置。种群初始位置的选择也对算法有着重要影响，初始位置越接近最优解，算法寻优越快，计算精度越高。反之算法收敛越慢，越容易陷入局部极值。王行甫等（2016）利用佳点法选取初始种群位置，由于佳点集产生的点具有无重叠且分布均匀，通过从中选择味道浓度最高的点作为果蝇群体初始点，降低初始位置选取的随机性。

（3）搜索步长。标准的果蝇优化算法在寻优时，果蝇个体以搜索步长为单位，随机对周围空间进行搜索。在种群规模一定时，搜索步长越大，果蝇每一次迭代可搜索的范围越广，算法的全局寻优越强，但是算法局部寻优能力却下降；反之如果搜索步长较小，果蝇每一次能在小范围内进行精细搜索，使得算法的局部寻优能力得到提高，全局寻优能力减弱，若搜索步长过小，将会导致算法寻优陷入局部极值的情况。由于不同的搜索步长对果蝇优化算法的计算效率有重大的影响，因此寻找合适的搜索步长显得尤为重要，步长的选择既要确保算法的全局寻优能力，也要使算法能及时地跳出局部极值。目前关于果蝇优化算法搜索步长的研究已取得一些进展。

在基本果蝇优化算法中，种群迭代进化过程只是利用适应度函数值进行个体优劣的判断，没有利用其中包含的种群和果蝇个体的信息，使得果蝇搜索方法的启发性很弱。王行甫等（2016）提出一种基于适应性动态步长的变异果蝇优化算法（MFOAADS），该方法根据种群反馈的适应度变化信息动态地调整算法中步长的大小，达到平衡算法全局搜索能力和局部搜索能力，提高算法计算效率的目的。

定义种群的适应度平均值以及种群平均适应值的相对变化率如下：

适应度平均值：

$$M_t = \frac{1}{N}\sum_{i=1}^{N}f_i(t) \qquad (3.11)$$

平均适应度值相对变化率：

$$k = \frac{M_{t-1} - M_t}{M_{t-1}} \qquad (3.12)$$

其中，N 为种群规模，$f_i(t)$ 表示果蝇个体 i 在第 t 代时的适应度值。利用相对变化率 k 来判断种群的寻优能力，当 k 值较大时，说明搜索空间相对于搜索步长来说比较平滑，当前搜索步长下果蝇个体能够较好地对解空间进行寻优，此时可以适当地增加步长，提高算法全局寻优能力。当 k 值较小时，说明搜索空间比较复杂，需要减少搜索步长，提高算法的局部搜索能力。因此，适应性动态步长调整公式为：

$$h_{t+1} = \begin{cases} \min[h_t(1 + \alpha\ln(1 + k)),\ h_{\max}], & k > 1 \\ h_t, & 1 \leqslant k \leqslant 0.01 \\ \max[h_t/(1 + \beta e^{-k}),\ h_{\min}], & k < 0.01 \end{cases} \qquad (3.13)$$

式中，h_t 为种群第 t 代搜索步长；α 和 β 为调节参数。

宁剑平等（2014）发展了一种递减步长果蝇优化算法，变固定搜索步长为步长逐步递减，随着步长逐渐减小，算法由注重全局寻优开始变为局部寻优，提高算法整体计算效率。

递减步长值定义为：

$$h = h_0 - \frac{h_0(t - 1)}{t_{\max}} \qquad (3.14)$$

式中，h_0 为初始步长；$t_{\max}$ 为最大迭代次数；t 为当前代数。当第一代果蝇寻优时，搜索步长 $h = h_0$，每进行一次迭代，搜索步长减少 $\dfrac{h_0}{t_{\max}}$，直至最后减至 $\dfrac{h_0}{t_{\max}}$。

针对搜索步长问题，Pan 等（2014）也提出了改进措施，通过增加一个尺度参数 λ 来控制步长大小。尺度参数的表达式为

$$\lambda = \lambda_{\max}\exp\left[\log\left(\frac{\lambda_{\min}}{\lambda_{\max}}\right)\frac{\text{Iter}}{\text{Iter}_{\max}}\right] \qquad (3.15)$$

$$X_{i,j} = \begin{cases} X\_\text{axis} + \lambda \times \text{RandomValue} & \text{if}\ j = d \\ X\_\text{axis} & \text{otherwise} \end{cases},\ j = 1,\ 2,\ \cdots,\ n \qquad (3.16)$$

式中，Iter 为当前迭代次数；$Iter_{max}$ 为最大迭代次数。在每一次的迭代计算时，尺度参数对果蝇个体的搜索步长进行控制。为了增强算法的寻优能力，通过类似于变异操作的形式对步长进行修改，即随机抽取一维参数进行步长修改。韩俊英等（2014）提出一种基于云模型的自适应调整参数的果蝇优化算法（FOAAP），该方法根据种群状态利用云模型实现果蝇个体搜寻食物的方向与距离这一参数的自适应调整。

（4）味道浓度判定策略。果蝇优化算法中，由于果蝇个体的分布具有随机性，当果蝇个体坐标位置离原点非常远时，由味道浓度计算公式 $S_i = 1/Dist_i$ 可知，味道浓度值会变得非常小，导致 S 趋向于 0，由于 S 值过小，对于一些特定优化问题，会导致果蝇的嗅觉判断函数 smell 的判断区间过小，最终导致算法早熟收敛。

为了保证算法寻优能力，避免早熟收敛，Li 等（2012）对味道浓度计算公式进行了修改，增加一个跳出局部最优因子 β，即

$$S_i = 1/Dist_i + \beta \tag{3.17}$$

$$\beta = \begin{cases} g \times Dist_i \\ K \times IntiX\_ \text{ axis or } K \times IntiX\_ \text{ axis} \end{cases} \tag{3.18}$$

式中，β 分为两类，第一类 $\beta = g \times Dist_i$，g 为服从均匀分布的随机变量，第二类中，K 为设定的常数。

（5）果蝇优化算法与其他算法混合。不同的优化算法都有着自己的特点和优势，为了增强果蝇优化算法的寻优能力，许多研究将其他优化算法与果蝇优化算法进行融合，以此来提高果蝇优化算法的性能。

混沌是自然界一种常见的非线性现象，程慧等（2013）最早将混沌理论与果蝇优化算法进行了融合，融入 Logistic 映射进行全局寻优得到最佳参数值，再对该值进行扰动以获得初值进行二次寻优，以此改进果蝇优化算法中的初值选取方式。Mitić（2015）等讨论了 10 个不同的混沌映射对果蝇优化算法的改进效果，发现 Chebyshev 映射在处理优化问题上效果最佳。韩俊英等（2013）提出自适应混沌果蝇优化算法，通过种群适应度方差判断果蝇优化算法是否陷入局部极值，并利用混沌算法进行全局寻优，使算法跳出局部极值，提高算法收敛速度。

陆民迪（2015）将粒子群算法融入到果蝇优化算法的步长更新中，提出基于速度变量的果蝇优化算法，利用粒子群的速度更新公式来改进果蝇的搜索步长，加速算法收敛。搜索步长更新公式为：

$$V_{ix} = w \cdot V_{ix} + c_1 \cdot rand \cdot (P_{ix} - X_i) + c_2 \cdot rand \cdot (G_x - X_i) \tag{3.19}$$

$$V_{iy} = w \cdot V_{iy} + c_1 \cdot rand \cdot (P_{iy} - Y_i) + c_2 \cdot rand \cdot (G_y - Y_i) \tag{3.20}$$

$$X_i = X_i + V_{ix} \tag{3.21}$$

$$Y_i = Y_i + V_{iy} \tag{3.22}$$

式中，w 为惯性权重；c_1 和 c_2 为加速常数；rand 为 ［0，1］ 区间随机数；V_{ix} 表示第 i 只果蝇在 x 方向的速度分量；V_{iy} 表示第 i 只果蝇在 y 方向的速度分量；P_{ix} 和 P_{iy} 分别表示第 i 只果蝇在 x 方向和 y 方向上适应度值最好的位置；G_x 和 G_y 分别表示 x 方向和 y 方向上果蝇种群适应度最好的位置。

刘成忠等 （2014）利用混合蛙跳算法的更新策略，循环进行局部深度搜索，使得新算法既具有果蝇优化算法的全局寻优能力，也能避免陷入局部极值。

4 基于改进果蝇优化算法的大地电磁反演

4.1 改进果蝇优化算法

4.1.1 改进果蝇优化算法思想

果蝇优化算法由于其具有控制参数少、不需要约束等优势在工程领域有着广泛的应用。然而果蝇优化算法的进化模式是在整个果蝇种群进化迭代过程中只向最优秀的果蝇个体学习，当发现本次进化的最优个体后，所有个体都会向最优个体聚集，并在此小范围内随机搜索。如果本次进化的最优个体只是局部极值，就会导致算法陷入局部最优而无法跳出，使得算法早熟收敛。

差分进化算法也是一类群智能优化算法，基本理论在前文已进行过介绍，其核心思想是利用种群中不同个体的差值，通过交叉和变异来进行进化寻优。为了增强 FOA 的寻优能力，本书将 DE 算法中的交叉和变异过程引入到 FOA 中，提出了一种新的改进算法——改进果蝇优化算法（improved fruit fly optimization algorithm, IFOA）。通过多个测试函数的测试，证实 IFOA 能够快速、准确地获得稳定可靠的结果。

4.1.2 改进果蝇优化算法设计

在标准果蝇优化算法中，果蝇每一次的搜索步长都是固定步长下的随机取值，导致算法跳出局部极值的能力较差，因此我们用变异操作替换标准果蝇优化算法中的随机搜索步长，在比较几种变异策略后，选择 "DE/best/2" 变异策略。在经过变异操作后，对基于差分变异操作获得的差分矢量与父代最优个体再进行交叉操作，获得最终的搜索步长。在差分进化算法中，为了提高算法的寻优能力，采用尺度因子逐步递减的方法。改进策略如下：

（1）搜索步长改进策略。标准果蝇优化算法的搜索步长是固定的，即在给定的步长值下随机生成个体搜索步长，引入差分进化算法的变异操作，基于种群个体的差值来更新步长，增强算法寻优能力。

$$U_{x, j} = X_{\_} \text{axis} + F \times (X_{r_1, j} - X_{r_2, j}) + F \times (X_{r_3, j} - X_{r_4, j}) \qquad (4.1)$$

$$U_{y, j} = Y_{\_} \text{axis} + F \times (Y_{r_1, j} - Y_{r_2, j}) + F \times (Y_{r_3, j} - Y_{r_4, j}) \qquad (4.2)$$

式中，r_1，r_2，r_3，r_4 为区间 [1，NP] 之间随机数；NP 为种群规模。在获得经过变异操作之后的果蝇候选位置后，为了进一步增加种群的多样性，继续使用交叉操作更新，

$$\text{RandomValue}_x = \begin{cases} U_{x,j} & \text{if rand} \leqslant \text{CR or } j = \text{randn}(j) \\ Y\_\text{ axis} & \text{otherwise} \end{cases} \quad (4.3)$$

$$\text{RandomValue}_y = \begin{cases} U_{y,j} & \text{if rand} \leqslant \text{CR or } j = \text{randn}(j) \\ Y\_\text{ axis} & \text{otherwise} \end{cases} \quad (4.4)$$

式中，rand 为 [0，1] 区间均匀分布的随机数；CR 为交叉概率；randn (j) 为 [1，N] 之间随机整数；N 为未知量维度。

（2）变异尺度因子改进策略。算法初期，由于种群位置距离最优解较远，较大的步长能提高算法的全局搜索能力，使得果蝇个体快速找到最优解附近，在搜索到最优解附近后，较小的搜索步长能提高算法的局部搜索能力，从而快速找到最优解。因此，基于以上思想，对变异尺度因子进行改进，使得其在算法迭代过程中逐步递减，在保证种群多样性的情况下，又可增加算法的局部搜索能力。尺度因子改进公式为：

$$F_{t+1} = F_t - F_0/t_{\max} \quad (4.5)$$

式中，t 为当前迭代次数；$t_{\max}$ 为最大迭代次数；F_0 为初始尺度因子，一般取值范围为 [0.4，0.9]。

IFOA 算法具体步骤如下：

（1）初始化果蝇种群位置，设置控制参数（迭代次数、种群大小、比例因子、交叉因子等）：

$$\text{Init}X\_\text{ axis}$$
$$\text{Init}Y\_\text{ axis}$$

（2）随机给出果蝇个体通过嗅觉寻找食物的方向和距离：

$$X_i = X\_\text{ axis} + \text{RandomValue}$$
$$Y_i = Y\_\text{ axis} + \text{RandomValue}$$

（3）执行 FOA 的步骤（3）到步骤（5）。

（4）保存最佳味道浓度值以及相应的 x，y 坐标，然后果蝇个体通过视觉飞向该位置：

$$\text{Smellbest} = \text{bestSmell}$$
$$X\_\text{ axis} = X(\text{bestIndex})$$
$$Y\_\text{ axis} = Y(\text{bestIndex})$$

（5）变异过程，根据 DE 算法变异操作及式（4.1）和式（4.2），执行种群内个体变异操作。

（6）交叉过程，根据 DE 算法交叉操作及式（4.3）和式（4.4），执行交叉操作。

（7）利用步骤（6）获得的候选值来更新果蝇个体的位置：

$$X_i = X\_ \text{axis} + \text{RandomValue}_x$$

$$Y_i = Y\_ \text{axis} + \text{RandomValue}_y$$

（8）执行 FOA 算法的步骤（3）到步骤（5），将得到的最佳味道浓度值与前一次迭代的味道浓度值进行比较，若前者较优，则执行步骤（4）。

（9）如达到最大迭代次数，则停止搜索，如没有则跳至步骤（5）。

IFOA 算法流程图如图 4.1 所示。

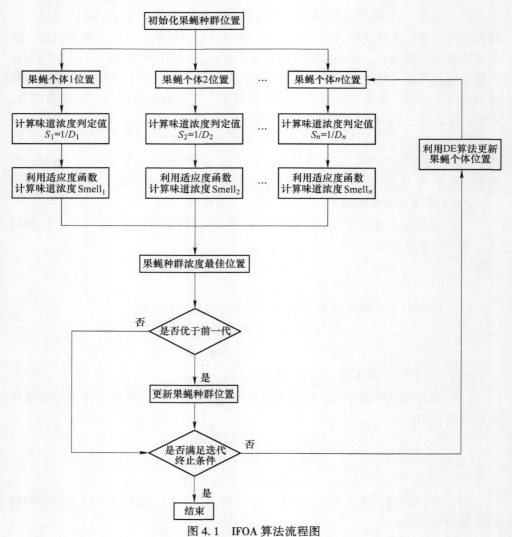

图 4.1   IFOA 算法流程图

4.1.3 IFOA 性能测试

为了测试 IFOA 的性能，我们选择将 IFOA 与标准 FOA 以及标准 DE 算法进行对比试验。测试选用表 4.1 中几个经典的测试函数。Rastrigin 函数作为高维、多峰函数，常被用于测试全局最优化算法的寻优能力，其全局最优点为 0，从二维图像也可以看出，其含有数量众多的局部极值点，对全局优化算法具有极强的欺骗性，易使算法陷入局部极值，Griewank 函数与 Rastrigin 函数类似，存在许多局部极值，其搜索空间更广，也被用于测试优化算法跳出局部极值的能力。

测试环境如下：个人 PC，CPU 主频 2.50GHz，内存 8GB，MATLAB 版本：2016b。为了测试性能，选择两种方法：（1）固定算法最大迭代次数，对算法收敛速度和收敛精度进行评价；（2）评价算法在高维、多峰函数上的寻优能力。测试函数二维图像如图 4.2 所示。

表 4.1　测试函数

函数	函数表达式	搜索区间	最优解	函数形态
Rosenbrock	$f(x) = \sum_{i=1}^{n-1} \left[100(x_{i+1} - x_i^2) + (x_i - 1)^2 \right]$	$[-10, 10]$	0	单峰
Griewank	$f(x) = \dfrac{1}{4000} \sum_{i=1}^{n} x_i^2 - \prod_{i=1}^{n} \cos\left(\dfrac{x_i}{\sqrt{i}}\right) + 1$	$[-600, 600]$	0	多峰
Rastrigin	$f(x) = \sum_{i=1}^{n} \left[x_i^2 - 10\cos(2\pi x_i) + 10 \right]$	$[-100, 100]$	0	多峰
Schaffer	$f(x, y) = 0.5 + \dfrac{\sin^2\left(\sqrt{x^2 + y^2}\right) - 0.5}{\left[1 + 0.001 \times (x^2 + y^2) \right]^2}$	$[-100, 100]$	0	多峰

4.1.3.1　固定迭代次数

测试时固定迭代次数为 1000 次，将 IFOA 和 FOA 全局寻优最小值的均值和标准差作为评价指标。为了保证算法测试结果不受随机因素干扰，4 个测试函数在经过 30 次重复运行后求取评价指标。为了便于比较，IFOA 和 FOA 的参数设置保持统一，种群规模为 20，IFOA 的交叉概率 CR = 0.9，变异尺度因子 $F = 0.5$。

测试结果如图 4.3 ~ 图 4.6 所示（为了方便观察，图中纵坐标目标函数值取以 10 为底的对数）。从表 4.2 中可知，IFOA 表现优秀，其优化均值和标准差都优于 FOA（除了 Rosenbrock 函数，其原因是因为 FOA 多次陷入局部极值，导致寻优结果未变化），尤其是对多峰函数 Griewank 和 Rastrigin，有无数个极小值点，但最小值只在 $x = 0$ 处取得，一般算法很难找到最小值，而 IFOA 却在短时间内迅速找到最小值。对于多单峰函数 Rosenbrock 函数，IFOA 的寻优能力强于 FOA，

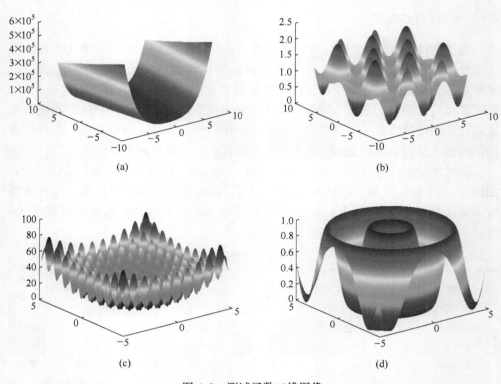

图 4.2　测试函数二维图像
（a）Rosenbrock；（b）Griewank；（c）Rastrigin；（d）Schaffer

Rosenbrock 函数虽然是单峰函数，但是其极值却并不容易寻找到，该函数在靠近最优解处形似香蕉，变量之间相关性很强，FOA 在迭代到一定次数后算法陷入了停滞，但是 IFOA 依然能够继续寻优，获得了比 FOA 好的结果。

表 4.2　固定迭代次数测试结果

函数	维度	IFOA		FOA	
		Mean	Std	Mean	Std
Rosenbrock	30	26.3684	0.6672	28.7070	7.9523×10^{-12}
Griewank	30	0	0	1.9012×10^{-8}	2.0583×10^{-10}
Rastrigin	30	0	0	5.6473×10^{-5}	8.0153×10^{-7}
Schaffer	2	0	0	1.9002×10^{-8}	2.0253×10^{-10}

4.1.3.2　高维函数测试

智能优化算法在处理高维、多峰问题时，普遍存在容易陷入局部极值、早熟收敛等问题。为了测试 IFOA 在解决高维问题上的性能，将 IFOA、FOA 以及 DE 算法进行比较。为了便于比较，将 IFOA、FOA 以及 DE 算法的控制参数进行统一，具体设置如表 4.3 所示，算法迭代次数统一设置为 3000 次，每种算法独立运行 30 次。

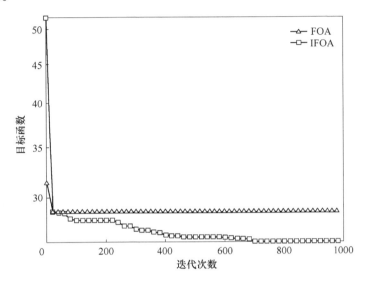

图 4.3 Rosenbrock 函数优化结果

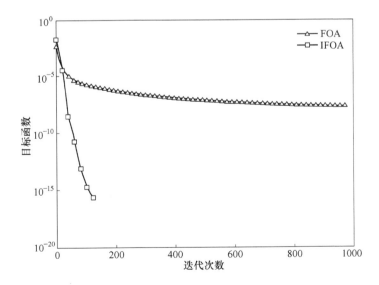

图 4.4 Griewank 函数优化结果

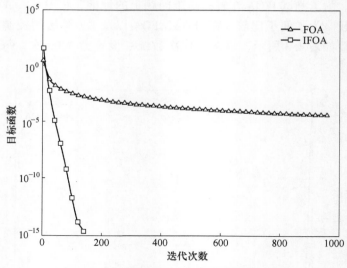

图 4.5 Rastrigin 函数优化结果

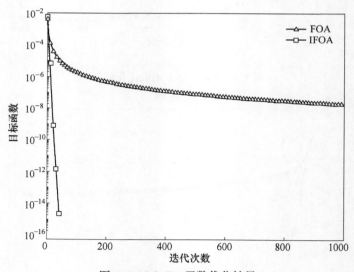

图 4.6 Schaffer 函数优化结果

　　测试结果如表 4.4 以及图 4.7~图 4.9 所示，对于多单峰函数 Rosenbrock 函数，IFOA 的寻优能力强于 FOA 和 DE 算法，Rosenbrock 函数虽然是单峰函数，但是其极值却并不容易寻找到，FOA 在迭代到一定次数后算法陷入了停滞，DE 算法陷入了早熟收敛，但是 IFOA 依然能够继续寻优，获得了比 FOA 和 DE 更好的结果。

　　对于多峰函数 Griewank 和 Rastrigin，其二维图像相当复杂，存在许多局部极值点，对优化算法跳出局部极值的能力是很大的考验，从图中的结果可以看到

FOA 计算精度一般在达到了 $10^{-5} \sim 10^{-9}$ 后就开始陷入停滞, 对于 DE 算法, 通过评价标准来看, 寻优能力并不高, 但是从图中可以看到, 相对于 FOA, DE 有一定的概率能搜索到最优解, 而 IFOA 优化精度相对更高, 直接寻找到函数最优解, 且收敛速度快。

表 4.3　控制参数

控制参数	IFOA	FOA	DE
种群大小	20	20	20
交叉概率 CR	0.9	—	0.9
变异尺度 F	0.5	—	0.5

表 4.4　高维函数测试结果

函数	维度	IFOA		FOA		DE	
		Mean	Std	Mean	Std	Mean	Std
Rosenbrock	50	45.8863	0.9463	48.5049	$7.6557×10^{-12}$	169.4259	559.6134
Griewank	50	0	0	$2.3858×10^{-9}$	$1.5153×10^{-11}$	$6.5707×10^{-4}$	0.0026
Rastrigin	50	0	0	$1.0477×10^{-5}$	$7.8673×10^{-8}$	267.7037	12.4298

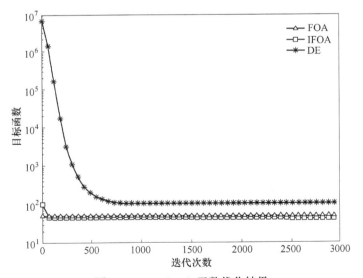

图 4.7　Rosenbrock 函数优化结果

通过将改进的果蝇优化算法（IFOA）与 FOA 和 DE 算法进行对比, 对结果进行分析, 验证了 IFOA 的寻优能力、搜索速度都表现出明显的优势, 证明对 FOA 的改进是成功的, 从一定程度上改善了 FOA 易陷入局部极值、易早熟收敛的缺陷, 增强了算法全局寻优能力, 并且 IFOA 对不同类型的优化问题的适应性

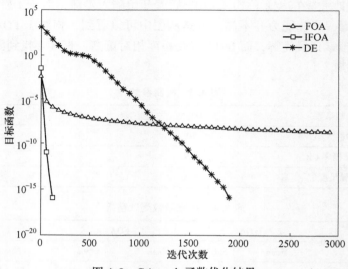

图 4.8 Griewank 函数优化结果

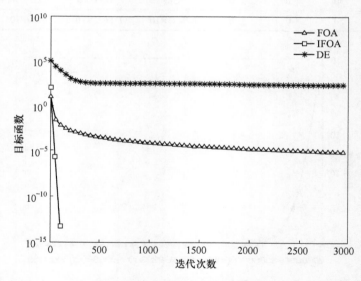

图 4.9 Rastrigin 函数优化结果

较强，算法鲁棒性较好。

　　需要说明的是，上述性能对比测试是基于固定的参数设置，但是全局优化算法对参数的设置一般比较敏感，参数设置的好坏对结果影响较大，因此，上述对比测试结果可能还受到参数设置的影响，但是测试结果对算法的整体性能的评价还是比较合理的。

4.2 大地电磁 IFOA 反演

4.2.1 一维大地电磁反演目标函数

根据前面推导的地表大地电磁阻抗的递推公式（2.30）可以得到地表阻抗值，再利用公式可以计算截止的视电阻率和阻抗相位：

$$\rho_a(\omega) = \frac{|Z(\omega)|^2}{\omega\mu_0} \tag{4.6}$$

$$\varphi(\omega) = \arctan Z(\omega) \tag{4.7}$$

由上式可知，对于 N 层层状介质来说，视电阻率和相位是关于地点模型信息以及探测频率的函数，对于利用相同频率测得的数据，进行反演时需要进行拟合的模型参数就只有每层的电阻率和层厚度两个变量。即

$$m = (\rho_1, \rho_2, \cdots, \rho_N, h_1, h_2, \cdots, h_{N-1})$$

考虑到大地电磁观测数据的变化范围比较大，将反演的目标函数设置成观测数据和模型计算数据的相对误差，因此选取反演目标函数为：

$$\Delta E = \sum_j^M \sum_i^N \left[(1 - \rho_{ij}^{cal}/\rho_{ij}^{obs})^2 + (1 - \varphi_{ij}^{cal}/\varphi_{ij}^{obs})^2 \right] \tag{4.8}$$

式中，M 为大地电磁测点总数；N 为观测的频点数；ρ_{ij}^{cal} 和 ρ_{ij}^{obs} 分别为第 j 个测点第 i 个频点视电阻率理论计算值和实际观测值；φ_{ij}^{cal} 和 φ_{ij}^{obs} 分别为第 j 个测点第 i 个频点的相位理论计算值和实际观测值。对于一维 MT 反演，$M = 1$。

4.2.2 IFOA 味道浓度判断函数

由于果蝇优化算法的味道浓度值是基于果蝇位置的倒数的，后期果蝇经过搜索，离原点位置会越来越大，导致浓度越来越接近 0，而大地电磁模型参数的变化范围非常广，如果用标准的味道浓度判断函数 $S_i = 1/\text{Dist}_i$ 直接代入计算，会导致计算过程不易找到最优解，陷入早熟收敛。为了解决上述矛盾，将浓度判断函数进行改进，同时，将大地电磁的反演参数设置为浓度值的倒数，浓度判断函数设置为目标函数拟合差函数，即

$$\begin{aligned} \text{Smell}_i &= \text{function}\left(\frac{1}{S_i}\right) \\ &= \sum \left[(1 - \rho^{cal}/\rho^{obs})^2 + (1 - \varphi^{cal}/\varphi^{obs})^2 \right] \end{aligned} \tag{4.9}$$

4.2.3 约束条件

随机搜索类方法一般需要对模型参数空间进行约束，本书选用常见的边界约束条件，当搜索范围超出界限时，m_i 为

$$m_i = \begin{cases} m_i^{max} - \text{rand} \times (m_i^{max} - m_i^{min}) & \text{if } m_i > m_i^{max} \\ m_i^{min} + \text{rand} \times (m_i^{max} - m_i^{min}) & \text{if } m_i < m_i^{min} \end{cases} \tag{4.10}$$

4.3 理论模型测试

为了验证 IFOA 方法用于大地电磁数据反演的有效性，我们设计了多个大地电磁理论模型对算法进行测试。

4.3.1 三层模型

为了检验算法效果，设计一个 H 型地电模型。模型参数搜索区间设置为 $[0.5m, 2m]$，其中 m 表示模型真实值，果蝇种群大小为 10，交叉因子 CR = 0.9，变异因子 $F = 0.5$，无噪声数据的目标函数拟合终止条件为 $\Delta E < 10^{-8}$，最大迭代次数为 1000。连续重复计算 20 次，取平均值作为结果，反演计算结果见表 4.5。

表 4.5　三层模型理论值与反演结果对比

模型参数	$\rho_1/\Omega \cdot m$	$\rho_2/\Omega \cdot m$	$\rho_3/\Omega \cdot m$	h_1/m	h_2/m
理论值	100	20	1000	500	2000
无噪声	99.9976	19.9993	999.9536	499.9908	1999
10%噪声	99.2086	20.0247	973.7303	483.6892	1958.6
20%噪声	98.6376	20.1660	967.6388	499.9974	1970.6

对于无噪声数据，图 4.10 中视电阻率和相位的拟合曲线与真实曲线符合较好，从图 4.11 中目标函数拟合曲线可以发现，算法没有陷入停滞，算法最终达到设置的拟合精度停止，从表 4.5 可以看到，反演的各层电阻率和厚度与真实模型参数非常接近，说明 IFOA 能够精确反演出模型的真实解。

图 4.12 是对含有 10%噪声的数据进行反演，由于添加了随机噪声，使得算法在拟合视电阻率和阻抗相位曲线时无法完全符合真实模型曲线，出现了一些小的偏差，并且从图 4.13 中可以看出迭代拟合曲线也不同于无噪数据，没有达到终止条件而陷入了停滞，拟合差停滞在 0.0724 附近。

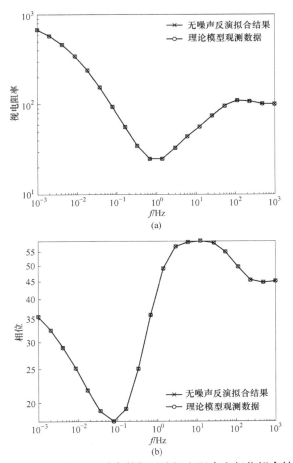

图 4.10 三层模型无噪声数据反演视电阻率和相位拟合结果

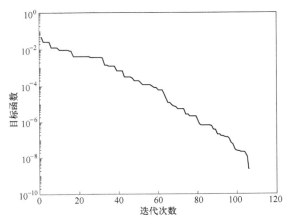

图 4.11 三层模型无噪声数据 IFOA 反演迭代拟合曲线

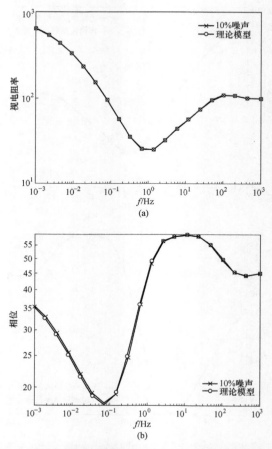

图 4.12 三层模型 10%噪声数据反演视电阻率和相位拟合结果

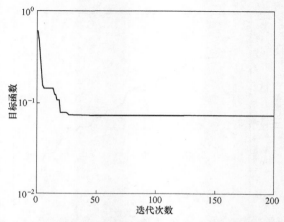

图 4.13 三层模型 10%噪声数据 IFOA 反演迭代拟合曲线

对于含有 20%噪声的数据，由于噪声的增加，拟合结果出现较大的拟合误差（图 4.14），从表 4.5 可以看出，由于深部高阻体拟合结果出现偏差，使得视电阻率曲线低频部分比理论模型曲线整体偏低，目标函数拟合值（图 4.15）也出现了停滞，最终的拟合差为 0.1620。

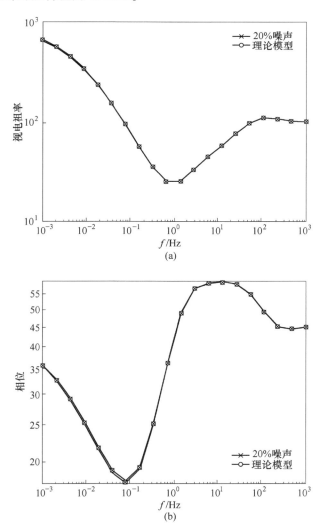

图 4.14　三层模型 20%噪声数据反演视电阻率和相位拟合结果

4.3.2　四层模型

为了研究等值性问题对算法寻优能力的影响，设计了一个四层（HA 型）地电模型，此模型参数如表 4.6 所示，并且具有 S 等值性，模型参数搜索区

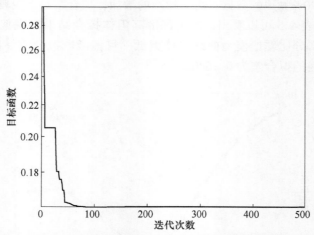

图 4.15 三层模型 20%噪声数据 IFOA 反演迭代拟合曲线

间设置为 $[0.5m, 2m]$，其中 m 表示模型真实值，果蝇种群大小为 10，交叉因子 CR=0.9，变异因子 $F=0.5$，目标函数拟合终止条件为 $\Delta E < 10^{-6}$，最大迭代次数为 5000。连续重复计算 20 次，取平均值作为结果，反演计算结果见表 4.6。

表 4.6 四层模型理论值与反演结果对比

模型参数	$\rho_1/\Omega\cdot m$	$\rho_2/\Omega\cdot m$	$\rho_3/\Omega\cdot m$	$\rho_4/\Omega\cdot m$	h_1/m	h_2/m	h_3/m
理论值	200	10	200	300	200	10	300
无噪声	199.9411	10.5728	195.9431	299.9659	199.3871	10.4977	289.7938
10%噪声	199.9834	11.6584	157.0820	299.4285	197.3866	9.3255	208.1459
20%噪声	199.9976	14.3623	137.1937	299.9962	199.9884	14.0154	150.0008

对于无噪声数据，视电阻率和相位与理论模型的拟合结果如图 4.16 所示，可以看出 IFOA 反演算法能够很好地克服等值性问题，反演迭代拟合曲线如图 4.17 所示，反演迭代过程由于达到拟合精度而提前结束，反演结果与真实模型非常接近。

在对数据添加 10%噪声后，视电阻率和相位的拟合结果都有了偏差（图 4.18），在视电阻率的高频部分，拟合结果比理论模型偏高。算法开始受到大地电磁等值性的影响，目标函数迭代拟合差（图 4.19）在达到 0.0422 后陷入停滞。

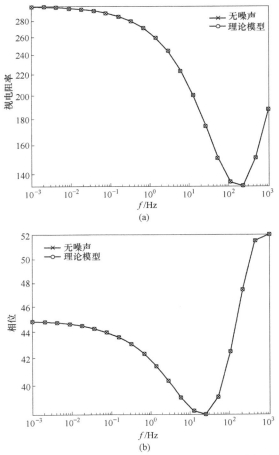

图 4.16 四层模型无噪声数据反演视电阻率和相位拟合结果

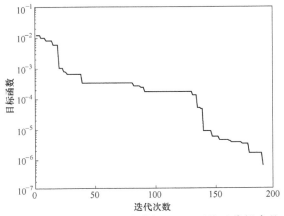

图 4.17 四层模型无噪声数据 IFOA 反演迭代拟合差

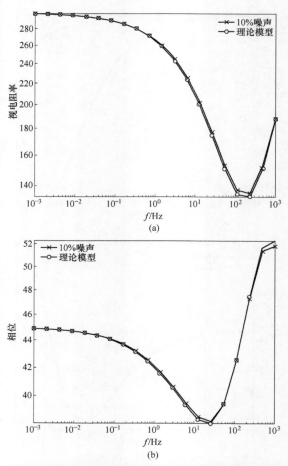

图 4.18   四层模型 10%噪声数据反演视电阻率和相位拟合结果

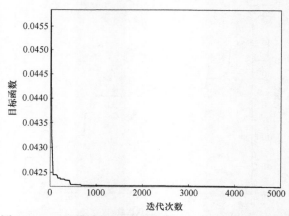

图 4.19   四层模型 10%噪声数据 IFOA 反演迭代拟合差

　　添加20%噪声后，IFOA还是能基本反演出模型的主要信息，且对视电阻率和相位的曲线拟合误差增大（图4.20），高频部分比真实模型结果偏小，这是由于数据本身具有较大的噪声，再加上大地电磁等值效应影响造成的，反演拟合差最终达到0.0668（图4.21）。

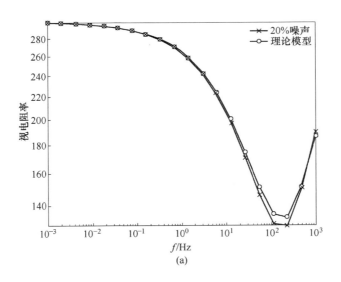

(a)

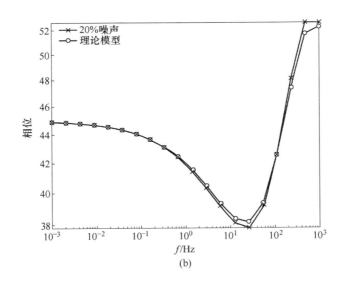

(b)

图4.20　四层模型20%噪声数据反演视电阻率和相位拟合结果

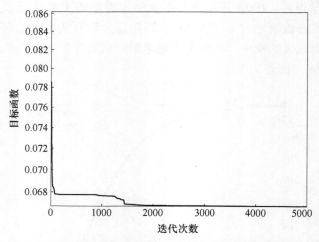

图 4.21   四层模型 20% 噪声数据 IFOA 反演迭代拟合差

4.3.3   六层模型

为了检验算法恢复深部高导低阻层的能力，我们利用前人提出的六层地电模型进行测试，该模型是徐义贤和王家映（1998）在进行大地电磁多尺度反演方法测试时给出的测试模型，胡祖志等人也将该模型用于人工鱼群算法的测试，模型具体参数见表 4.7。

表 4.7   六层模型反演结果对比

模型参数	理论值	多尺度反演值	人工鱼群反演	IFOA
$\rho_1/\Omega \cdot m$	10	11	10.2	10.0437
$\rho_2/\Omega \cdot m$	100	110	105	100.2371
$\rho_3/\Omega \cdot m$	300	311	301	299.7047
$\rho_4/\Omega \cdot m$	1000	965	1197	999.9317
$\rho_5/\Omega \cdot m$	50	71	62	49.9689
$\rho_6/\Omega \cdot m$	2000	2007	2008	1893.11
h_1/m	50	57	52	49.5402
h_2/m	400	562	415	388.7815
h_3/m	2000	1910	2139	1991.83
h_4/m	5000	4680	4733	4999.85
h_5/m	2000	2892	2354	1957.05

模型参数搜索区间依然设置为 $[0.5m, 2m]$，其中 m 表示模型真实值，果

蝇种群大小为 10，交叉因子 CR = 0.9，变异因子 F = 0.5，目标函数拟合终止条件为 $\Delta E < 10^{-6}$，最大迭代次数为 5000。连续重复计算 20 次，取平均值作为结果，反演结果见表 4.7，为了方便比较算法，表中还列出了多尺度反演与人工鱼群反演的结果，通过对比反演结果可以看出，IFOA 算法反演的结果非常接近真实模型，在初始模型范围设置与人工鱼群算法相同的条件下，结果要明显好于人工鱼群算法。图 4.22 为 IFOA 其中一次的迭代拟合差曲线，在第 917 次迭代后达到拟合差要求而终止。从反演结果可以看出，IFOA 反演能够很好地重建该六层地电模型，对深部低阻体的厚度和电阻率都恢复得较好。

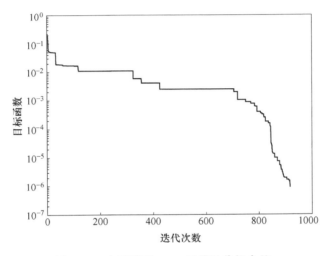

图 4.22　六层模型 IFOA 反演迭代拟合差

5 非线性贝叶斯反演原理

地球物理学的基本方法是通过研究各种地球物理场的特征来揭示地球内部复杂的结构和构造。地球物理反演理论作为地球物理学的一门重要分支，是指根据各种地球物理观测数据推断地球内部的结构形态以及物质成分，计算相关地球物理参数的过程（杨文采，1997）。著名的反演理论家 Parker 在其论文 *Understanding Inversion Theory* 中指出，完整的反演问题应该包括四个问题：解的存在性、模型构制、非唯一性以及结果评价（Parker，1977）。在地球物理资料的反演中，解的存在性已经被大量的理论文章和实际资料所证实。解的非唯一性问题总是伴随着反演问题的求解过程。非唯一性的现象通常是由许多因素造成的，其中被公认的一种因素是因为真实的地球的内部特征是在整个空间方向上连续变化的（也就是可以认为模型空间是无限维的），而我们面对的问题是希望利用有限的，甚至是很少的观测数据去构建真实的无限维的地球模型。因此反演问题是高度欠定的，而且会导致大量的非唯一解。另一个导致非唯一性的因素在于模型对数据的可识别性或叫做模型对数据的敏感度。因此解释人员经常会面对多个满足观测数据的地球物理模型，通常减少这种候选模型个数需要用到地球物理模型的先验知识（Sen et al，1996；姚姚，2002）。

地球物理反演问题普遍存在着不适定性，对于传统的基于优化理论的反演方法，正则化方法是解决上述问题的有力工具。正则化方法通过加入模型光滑约束，把解空间缩小为某些规定的函数族，这样能降低解的不确定性，但是这会使得反演结果简单化，降低了反演的地球模型分辨率，并且怎样的光滑（或者说怎样选择正则化因子）才是合适的也是一个有争议的问题。

完整的地球物理反演还包括对结果进行评价。传统的线性反演和正则化方法都是基于数学上的绝对值最小或是最小二乘准则的，其本质上都是单点估计，获得一个"最优解"，无法对结果的不确定性进行评价。但是随着反演理论的发展，仅仅给出一个单一的"最优解"是完全不够的，我们还需要知道获得的结果的不确定性到底有多大，换句话说，有多大的把握认为结果是正确的。传统的基于优化理论的反演方法无法做到。

处理反演问题，一直都存在两种不同的观点（Tarantola et al，1982；Curtis et al，2001；Ulrych et al，2001；杨文采，2002；王家映，2007）：一种是确定性方法；另一种是统计方法（也称为概率反演、随机反演）。概率反演理论从统计学的角度去看待反演问题，将所有可用的信息，包括观测数据、理论模型计算结果以及先验信息等信息都用概率分布的形式来描述。本质上，统计方法是一种信息推断过程。其中，观测数据是地下真实情况的直接反映。理论模型计算结果可以看成是预测可能结果所需的理论知识，而先验信息一般来自个人主观猜测或是以往类似观测的结果。因此，反演问题的结果不再是一个单一的最优解，而是一个概率分布——后验分布，它包含了解的所有信息。相对于确定性反演方法，统计方法所产生的解能够直观地给出结果的不确定性，也就是对结果进行评价。

5.1 非线性贝叶斯反演

5.1.1 贝叶斯反演公式

贝叶斯概率公式区别于经典概率公式的关键在于对先验信息的利用，对于模型参数与观测数据的关系，贝叶斯后验概率可以通过先验信息和似然函数给出：

$$p(m \mid d) = \frac{p(d \mid m)p(m)}{p(d)} \qquad (5.1)$$

式中，d 为 N 维的观测数据，m 为 M 维的模型参数，反演过程中都被当做随机变量；$p(d)$ 为归一化常数，反演时看作常数。因此式（5.1）可以简化为：

$$p(m \mid d) \propto p(d \mid m)p(m) \qquad (5.2)$$

式中，$p(m)$ 为模型参数的先验概率密度分布；$p(m \mid d)$ 为 m 对观测数据 d 的条件概率，也叫后验分布，也就是随机反演的解；$p(d \mid m)$ 为似然函数（likelihood function），通常写作 $L(m)$，表示模型参数和观测数据的拟合程度。

5.1.2 先验信息

先验信息是在获得观测数据之前就能得到的信息，通常来源于以往经验、其他来源的信息或是主观判断，可以是反演资料的经验知识、该地区的地质构造情况以及钻孔资料等预先知道的信息（杨迪琨等，2008）。大多数时候在没有先验信息的情况下可以假设先验分布为均匀分布。其他较为常见的先验分布还有高斯分布、柯西分布等。

5.1.3 似然函数

在贝叶斯反演理论中，为了获得后验分布首先要定义似然函数 $L(m)$，似然函数表示 d 对模型参数 m 的条件概率，可以理解为已知数据 d 的情况下随参数 m 变化的函数，它反映了模型与数据的匹配程度，似然函数是定量描述模型参数不确定性的重要指标，常见的似然函数表达式有如下两种：

（1）多维高斯分布。其表达式为

$$L(m) = \frac{1}{\sqrt{(2\pi)^N |\boldsymbol{C}_d|}} \exp\left[- \frac{(d - d(m))^{\mathrm{T}} \boldsymbol{C}_d^{-1}(d - d(m))}{2} \right] \tag{5.3}$$

式中，N 为数据个数；$d(m)$ 为正演响应；$\boldsymbol{C}_d$ 为数据协方差矩阵。

（2）拉普拉斯分布。当数据存在异常值时，似然函数可以采用拉普拉斯分布，相对于正态分布，拉普拉斯分布具有更长的"尾巴"，能保证反演的稳定性。其表达式为

$$L(m) = \frac{1}{(2\sigma)^N} \exp\left(- \frac{|d - d(m)|}{\sigma} \right) \tag{5.4}$$

5.1.4   后验分布

后验分布 $p(m|d)$ 包含了解的所有信息，根据后验分布就可以获得解的一切信息，包括期望模型、最大后验模型以及单个或多个参数的边缘分布，如取其最大值所对应的那组模型即为最大后验解或最大似然解（MAP）。相关定义如下：

MAP：$\hat{m} = \mathrm{Arg}_{\max}\{p(m|d)\}$

期望模型：$\bar{m} = \int m'p(m'|d)\mathrm{d}m'$

边缘分布：$p(m_i|d) = \int \delta(m_i' - m_i)p(m'|d)\mathrm{d}m'$

贝叶斯反演的基本流程如图 5.1 所示，在已知先验信息和似然函数的情况下，利用贝叶斯公式来获得后验分布。线性贝叶斯方法本质上也是一种确定性方法，因为它的目的是希望得到唯一的最大后验解，在求解的过程中直接利用求导的方式获得后验分布的极大值。非线性贝叶斯方法是指反演结果为后验概率分布，这需要对整个模型空间进行采样。本书主要讨论基于贝叶斯理论的非线性随机反演方法。

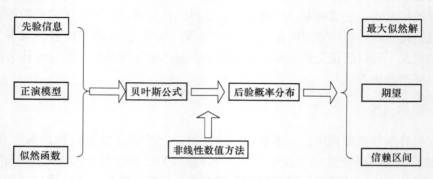

图 5.1   贝叶斯反演基本流程

5.2　非线性数值采样方法

5.2.1　马尔科夫链蒙特卡洛方法

马尔科夫链蒙特卡洛（Markov chain Monte Carlo，MCMC）方法基于贝叶斯理论，通过建立平稳分布为 $\pi(X)$ 的马尔科夫链，并对其平稳分布进行采样，通过不断更新样本信息而使马尔科夫链能充分搜索模型参数空间，最终获得平稳分布的概率描述，因此 MCMC 方式实际上是贝叶斯推断过程的一种近似计算。其中建议分布（proposal distribution）的构造是 MCMC 方法的关键。下面首先回顾马尔科夫链的定义和性质，随后给出几种常见的 MCMC 算法。

5.2.1.1　马尔科夫链原理

$\{X_t: t \geq 0\}$ 为一随机序列。将随机序列所有可能的取值组成的集合记为 S，称为状态空间。如果对于 $\forall t \geq 0$ 及任意状态 s_i，s_j，s_{i_0}，…，$s_{i_{t-1}}$，都有：

$$p(X_{t+1} = s_j \mid X_t = s_i, X_{t-1} = s_{i-1}, \cdots, X_0 = s_0) = p(X_{t+1} = s_j \mid X_t = s_i)$$

$$(5.5)$$

则称 $\{X_t: t \geq 0\}$ 为一马尔科夫链。

从上式可以看出，$t+1$ 时刻的状态只与 t 时刻的状态有关，而与之前的状态无关，这一性质称为无后效性（也叫马尔科夫性），这也是马尔科夫链最重要的特征。马尔科夫链的性质完全由它的转移概率（也叫转移核）来决定，它表示状态 s_i 到状态 s_j 的一步转移概率，一般用 $p(i, j)$ 表示，也可以表示为 $p(i \rightarrow j)$，箭头方式指示状态的转移方向，即

$$p(i, j) = p(i \rightarrow j) = p(X_{t+1} = s_j \mid X_t = s_i) \qquad (5.6)$$

令 $\pi_i(X_t) = p(X_t = s_i)$ 表示马尔科夫链在 t 时刻处于状态 s_i 的概率，$\pi(X_0)$ 为初始向量，则对于 $t+1$ 时刻，马尔科夫链处于状态 s_j 的概率 $\pi_j(X_{t+1})$ 可以由 Chapman-Kolmogorov 方程得到

$$\begin{aligned}
\pi_i(X_{t+1}) &= p(X_{t+1} = s_i) \\
&= \sum_k p(X_{t+1} = s_i \mid X_t = s_k) p(X_t = s_k) \\
&= \sum_k p(k \rightarrow i) \pi_k(X_t) \\
&= \sum_k p(k, i) \pi_k
\end{aligned}$$

$$(5.7)$$

定义矩阵 P，其第 i 行第 j 列的元素是从状态 i 转移到 j 的概率 $p(i, j)$，P 叫做转移概率矩阵，该矩阵每一行元素的和为 1。这样，式（5.7）可以写成更加

紧凑的矩阵形式：

$$\pi(X_{t+1}) = \pi(X_t)\boldsymbol{P} = \pi[\pi(X_{t-1})\boldsymbol{P}]\boldsymbol{P} = \cdots = \pi(X_0)\,\boldsymbol{P}^{t+1} \tag{5.8}$$

Chapman-Kolmogorov 方程的这种连续迭代形式描述了马尔科夫链的更新过程。如果所构造的转移核满足：

$$\pi(X') \times p(X', X_t) = \pi(X_t) \times p(X_t, X') \tag{5.9}$$

则由其构造的马尔科夫链将具有唯一的不变分布。这个条件称为细致平衡（detailed balance）条件。对于一条存在唯一不变分布的马尔科夫链，当它经过充分长迭代后就会收敛到它的不变分布，此时 $\pi(X)$ 可以称为平稳分布。在马尔科夫链从初始阶段到达平稳分布的这段周期，称为预烧期（burn-in period），在 MCMC 应用中这部分数据需要被剔除，一条马尔科夫链达到平稳分布，说明当前状态不再受初始状态影响。

5.2.1.2　常用的 MCMC 采样算法

由马尔科夫链的介绍可知，可以通过建立一个平稳分布为 $\pi(X)$ 的马尔科夫链来得到 $\pi(X)$ 的样本，再基于这些样本做各种统计推断，这也是 MCMC 方法的理论基础。MCMC 方法为建立实际的统计反演理论提供了一种有效的工具，对于反演问题，我们希望得到模型参数的后验概率分布，所以通过模型参数构造的马尔科夫链应收敛至所估计模型参数的后验概率。

目前，在贝叶斯计算中最常见的 MCMC 方法主要包括 Gibbs 采样方法和 Metropolis-Hastings 采样方法。

A　Gibbs 采样

Gibbs 采样是最简单、应用最广泛的 MCMC 方法，方法最早由 Geman 等于 1984 年提出（Geman et al, 1984），最初用于图像处理和人工神经网络等大型复杂数据的分析，Gelf 等（1990）将其引入到贝叶斯分析研究，通过模拟进行积分运算，为贝叶斯方法的实际应用做出了重要贡献。Gibbs 采样的独特之处在于它利用满条件分布（full conditional distribution）将多个相关参数的复杂高维问题转化为每次只要处理一个参数的简单问题。由于原理简单，Gibbs 采样被应用于许多实际问题中。

假设 $X = (x_1, x_2, \cdots, x_n)$，Gibbs 采样的基本步骤：

（1）从 $\pi(x_1 \mid x_2^{(t)}, x_3^{(t)}, \cdots, x_n^{(t)})$ 中抽取 $x_1^{(t+1)}$；

（2）从 $\pi(x_2 \mid x_1^{(t+1)}, x_3^{(t)}, \cdots, x_n^{(t)})$ 中抽取 $x_2^{(t+1)}$；

$$\vdots$$

（n）从 $\pi(x_n \mid x_1^{(t+1)}, x_2^{(t+1)}, \cdots, x_{n-1}^{(t+1)})$ 中抽取 $x_n^{(t+1)}$。

给定初值 $X^{(0)} = (x_1^{(0)}, x_2^{(0)}, \cdots, x_n^{(0)})$，重复上述步骤，得到一个马尔科

夫链 $\{X^{(0)}, X^{(1)}, \cdots, X^{(m)}\}$。

采样算法的收敛判断也是研究的热点之一，关于 Gibbs 采样的收敛性判断，几乎没有简单而有效的办法，常见的两种判断收敛的方法如下：一种方式是同时采样，产生多条马尔科夫链，如果经过一段时间采样后，这几条链都达到平稳，则判断 Gibbs 采样收敛；另一种方式是通过判断遍历均值是否已经收敛。

B Metropolis-Hastings 采样

目前最常用的是基于 Metropolis-Hastings 准则的采样方法。Metropolis（1953）提出了一种转移核的方法，Hastings（1970）随后对其加以推广，形成了 Metropolis-Hastings 算法。该方法通过一定的概率接受次优解，使得采样区间能跳出局部极值范围，进而对整个空间进行采样。算法的主要内容如下：

假设算法主要目标是建立一个以 $\pi(x)$ 为平稳分布的马尔科夫链，首先选取初始点 x_0，然后按如下步骤迭代产生马尔科夫链：

假设 t 时刻的状态为 x_t，从建议分布中采样产生一个候选点 x'，然后根据概率决定是否转移，也就是说在候选点 x' 找到后，以概率 $\alpha(x_t, x')$ 接受 x' 作为链在下一时刻的状态值，以概率 $1 - \alpha(x_t, x')$ 拒绝转移到 x'，从而马尔科夫链仍处于状态 x_t，从 $[0, 1]$ 区间抽取随机数 u，于是候选点接受公式表示为：

$$x_{t+1} = \begin{cases} x_t, & u \leq \alpha(x_t, x') \\ x', & u > \alpha(x_t, x') \end{cases} \tag{5.10}$$

最常用的是 Metropolis-Hastings 准则接受概率公式：

$$\alpha(x_t, x') = \min\left\{1, \frac{\pi(x')q(x', x_t)}{\pi(x_t)q(x_t, x')}\right\} \tag{5.11}$$

式中，$q(\ )$ 表示建议分布，建议分布的选择不会影响算法的收敛性，但是会对算法的收敛速度产生影响。常见的建议分布有正态分布和均匀分布。当建议分布为对称分布时，MH 方法退化为 Metropolis 采样方法，即：

$$\alpha(x_t, x') = \min\left\{1, \frac{\pi(x')}{\pi(x_t)}\right\} \tag{5.12}$$

一个完整的 MH 方法步骤如图 5.2 所示。

C 自适应 Metropolis 算法

针对 Metropolis-Hastings 算法存在的搜索速度慢的问题，Haario 等（2001）提出了一种自适应的 Metropolis 算法（adaptive Metropolis，AM）。自适应 Metropolis 算法的建议分布不再固定不变，而是随着采样过程的进行，利用后验参数的协方差矩阵来自动更新，协方差矩阵在每一次迭代过程后自适应调整。协方差矩阵更新公式如下所示。

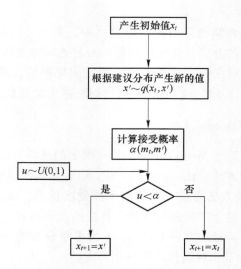

图 5.2   MH 方法流程图

$$C_t = \begin{cases} C_0, & t \leqslant t_0 \\ s_d\text{cov}(X_0, \cdots, X_{t-1}) + s_d\varepsilon I_d, & t > t_0 \end{cases} \tag{5.13}$$

式中，C_0 为初始协方差，由于在采样初始阶段算法还没有达到平稳，因此设定在采样次数 $t \leqslant t_0$ 时，协方差 C_t 取固定值 C_0，为了确保不成为奇异矩阵，ε 设为一个较小的常数；s_d 为基于参数的空间维度 d 的比例因子，建议 $s_d = (2.4)^2/d$；I_d 为 d 维单位矩阵。

根据式（5.13）可以计算得到第 $t+1$ 次迭代时的协方差如下：

$$C_{t+1} = \frac{t-1}{t}C_t + \frac{s_d}{t}\left[t\overline{X}_{t-1}\overline{X}_{t-1}^{\mathrm{T}} - (t+1)\overline{X}_t\overline{X}_t^{\mathrm{T}} + X_tX_t^{\mathrm{T}} + \varepsilon I_d\right] \tag{5.14}$$

式中，$\overline{X}_{t-1}$ 为前 $t-1$ 次迭代参数的均值；$\overline{X}_t$ 为前 t 次迭代参数的均值。

自适应 Metropolis 算法的核心思想是将建议分布公式修改，使得算法能够自动给出建议分布，另一个问题是定义接受概率，用于判断是否接受新产生的候选样本。与传统的基于 MH 准则更新的采样方法相比，AM 算法的最突出的优势是建议分布不需要人为提前设定，能够随采样过程自动更新。另外，由于参数同时更新，不再需要分组更新，计算量大大减少。Haario 后续对该算法持续进行研究（Haario et al, 2004；Haario et al, 2005），提出了改进算法——DRAM 算法（Haario et al, 2006），该算法结合了延迟拒绝算法（delay rejection）和自适应 Metropolis 算法。

5.2.2   可逆跳跃马尔科夫链蒙特卡洛方法

可逆跳跃马尔科夫链蒙特卡洛方法本质上是 MCMC 方法的推广，但是与标准 MCMC 又有所不同。传统的 MCMC 方法都是基于固定参数空间的方法，而 RJMCMC 方法将参数个数也作为未知变量，使得 MH 准则可以在不同维度的参数空间进行搜索。

在 RJMCMC 算法中，Green 首先引入一个变换：

$$(k, \boldsymbol{m}_k, \boldsymbol{u}) \Longleftrightarrow (k', \boldsymbol{m}'_{k'}, \boldsymbol{u}') \tag{5.15}$$

式中，$(k, \boldsymbol{m}_k)$ 为马尔科夫链的当前状态，$(k', \boldsymbol{m}'_{k'})$ 为潜在转移状态，且 $k \neq k'$，即两者维度不同；向量 $\boldsymbol{u}$ 和 $\boldsymbol{u}'$ 是随机变量，用于使不同维度之间的变换满足关系式：

$$\dim(\boldsymbol{m}_k) + \dim(\boldsymbol{u}) = \dim(\boldsymbol{m}'_{k'}) + \dim(\boldsymbol{u}') \tag{5.16}$$

式中，$\dim(\ )$ 是指参数的维度值，将函数变换 h 定义为不同状态之间的跳跃

$$(k', \boldsymbol{m}'_{k'}, \boldsymbol{u}') = h(k, \boldsymbol{m}_k, \boldsymbol{u}) \tag{5.17}$$

$$(k, \boldsymbol{m}_k, \boldsymbol{u}) = h^{-1}(k', \boldsymbol{m}'_{k'}, \boldsymbol{u}') \tag{5.18}$$

式中，h 和其反函数 h^{-1} 必须存在且是可微的。

根据贝叶斯公式（5.2），固定维数的 MH 准则可以进一步变换为：

$$
\begin{aligned}
\alpha(\boldsymbol{m}_k, \boldsymbol{m}'_{k'}) &= \min\left[1, \frac{p(\boldsymbol{m}'_{k'} \mid d)q(\boldsymbol{m}_k \mid \boldsymbol{m}'_{k'})}{p(\boldsymbol{m}_k \mid d)q(\boldsymbol{m}'_{k'} \mid \boldsymbol{m}_k)}\right] \\
&= \min\left[1, \frac{p(\boldsymbol{m}'_{k'})}{p(\boldsymbol{m}_k)} \times \frac{p(d \mid \boldsymbol{m}'_{k'})}{p(d \mid \boldsymbol{m}_k)} \times \frac{q(\boldsymbol{m}_k \mid \boldsymbol{m}'_{k'})}{q(\boldsymbol{m}'_{k'} \mid \boldsymbol{m}_k)}\right]
\end{aligned}
\tag{5.19}
$$

式（5.19）中，由于是固定维数，有 $k = k'$，等式右边的分式从左到右依次是先验信息比（prior ratio）、似然函数比（likelihood ratio）、建议分布比（proposal ratio）。类似于固定维度 MH 准则，RJMCMC 也有一个模型接受准则：

$$\alpha(\boldsymbol{m}_k, \boldsymbol{m}'_{k'}) = \min\left[1, \frac{p(k', \boldsymbol{m}'_{k'})}{p(k, \boldsymbol{m}_k)} \times \frac{p(d \mid k', \boldsymbol{m}'_{k'})}{p(d \mid k, \boldsymbol{m}_k)} \times \frac{q(k, \boldsymbol{m}_k \mid k', \boldsymbol{m}'_{k'})}{q(k', \boldsymbol{m}'_{k'} \mid k, \boldsymbol{m}_k)} |\boldsymbol{J}|\right] \tag{5.20}$$

式中，$|\boldsymbol{J}|$ 为变换 h 的雅克比行列式，即

$$|\boldsymbol{J}| = \left|\frac{\partial h(k, \boldsymbol{m}_k, \boldsymbol{u})}{\partial(k, \boldsymbol{m}_k, \boldsymbol{u})}\right| = \left|\frac{\partial(k', \boldsymbol{m}'_{k'}, \boldsymbol{u}')}{\partial(k, \boldsymbol{m}_k, \boldsymbol{u})}\right| \tag{5.21}$$

当 $k = k'$ 时，即参数个数没有发生变化，RJMCMC 退化为标准 MCMC。

5.2.3 融合进化思想的 MCMC 方法

5.2.3.1 差分进化马尔科夫链

Ter Braak 等将差分进化算法和马尔科夫链蒙特卡洛方法结合，提出了 DEMC 方法。MCMC 方法的收敛速度很大程度上取决于初始样本好坏以及建议分布的协

方差的选取，DEMC 算法将进化算法中种群的思想引入，通过差分进化算法中的变异算子对马尔科夫链个体进行更新，改善了随机游走 Metropolis 方法的搜索性能。DE 算法的更新扰动基于种群内个体的差异，有效减少人为因素的干扰，使得采样结果快速收敛。另外，DEMC 算法由于采用多条马尔科夫链并行计算策略，使得马尔科夫链快速达到平稳分布状态。

由前文可知，标准差分进化算法的变异操作公式可以表示为：

$$V = X_{R_1} + F \cdot (X_{R_2} - X_{R_3}) \tag{5.22}$$

但是直接用上式更新状态会使得样本不满足细致平衡条件，从而导致无法获得马尔科夫链，Ter Braak 对上述公式进行了改进，即

$$V = X_i + F \cdot (X_{R_1} - X_{R_2}) + e \tag{5.23}$$

式中，e 由具有很小方差的对称分布 $e \sim N(0, b)^d$ 产生。不同于 DE 算法对新样本 V 的直接接受，然后进行交叉操作，DEMC 算法需要依概率接受新样本，即新样本 V 的接受准则为：

$$\alpha(V, X_i) = \min\left\{1, \frac{\pi(V)}{\pi(X_i)}\right\} \tag{5.24}$$

相比于前述 MCMC 采样技术，DEMC 具有两个重要的优势，首先 DEMC 可以自动选择建议分布的合适尺度和规模，使马尔科夫链朝着目标分布进化。另外，DEMC 对重尾分布（heavy-tailed distribution）和多峰分布等具有复杂形式的分布尤其适用，因为 DEMC 不需要利用协方差矩阵，而是基于个体位置差值来产生候选点。

5.2.3.2   DREAM 算法

虽然 DEMC 算法的多条马尔科夫链并行计算策略改善了算法性能，但是同时运行多条马尔科夫链本来就是一件耗费计算时间的过程，标准的 DEMC 算法需要同时运行 $N = 2d$ 条马尔科夫链（d 表示参数维度），对于高维问题，计算量大大增加。为此，Vrugt 等对算法进行了进一步的研究，提出了更加高效、更具有鲁棒性的（diffeRential evolution adaptive metropolis，DREAM）算法。算法对 DEMC 做了几方面的改进：

（1）用自适应随机子空间采样取代随机游走 Metropolis 采样。

（2）初始化时，为了确保每条链中样本的多样性，算法自适应调整交叉概率。

（3）在计算过程中设置了剔除功能，对无用链（outlier chains）进行剔除，加速算法的收敛。

DREAM 算法的具体步骤如下：

（1）根据先验分布产生初始种群 $X = (x^1, x^2, \cdots, x^N)$。

（2）计算每个个体的后验分布 $\pi(x^i)$，$i = 1, \cdots, N$。

（3）变异操作，产生新的变异个体 z^i。

$$z^i = x^i + \gamma(\delta) \left[\sum_{j=1}^{\delta} x^{r_1(j)} - \sum_{n=1}^{\delta} x^{r_2(n)} \right] + \varepsilon \tag{5.25}$$

式中，δ 表示候选样本对数（number of pairs），$r_1(j)$，$r_2(n) \in \{1, \cdots, N\}$ 且 $r_1(j) \neq r_2(n) \neq i$，$(j, n = 1, \cdots, \delta)$。$\varepsilon$ 由具有很小方差的对称分布 $N_d(0, b)$ 生，γ 为依赖于 δ 的跳跃幅度，建议取 $\gamma = 2.38/\sqrt{2\delta d}$。

（4）实施交叉操作。根据式（5.26）判断是否取代新样本。如果 $U \leq 1 -$ CR，用 x_j^i 替换 z_j^i，反之不替换。U 是 $[0, 1]$ 区间均匀分布产生的随机数，定义交叉概率 CR $\in [0, 1]$，并令 $d_{\text{eff}} = d$。

$$z_j^i = \begin{cases} x_j^i & \text{if } U \leq 1 - \text{CR}, \ d_{\text{eff}} = d_{\text{eff}} - 1 \\ z_j^i & \text{otherwise} \end{cases} \quad j = 1, \cdots, d \tag{5.26}$$

（5）计算接受概率

$$\alpha(x^i, z^i) = \begin{cases} \min\left(\dfrac{\pi(z^i)}{\pi(x^i)}, \ 1 \right) & \text{if } \pi(x^i) > 0 \\ 1 & \text{if } \pi(x^i) = 0 \end{cases} \tag{5.27}$$

（6）判断是否接受新样本，如果接受，则 $x^i = z^i$，否则不变。继续进化序列。

以上步骤（3）~步骤（6）为马尔科夫链进化过程。

根据 IQR 统计去除无用链（outlier chains）。

判断收敛性，如果满足 GR 收敛准则，即 $\sqrt{SR} \leq 1.2$，则计算结束，否则，继续进化序列。

DREAM 算法是对 DEMC 算法的改进，其更新过程与差分进化算法相似，只是对差分进化算法的选择策略进行了优化。优化后的算法保留了更多性能优良的个体，随着进化过程的进行，这些优秀个体得到更新，最终使得算法收敛速度加快。另外，算法同时运行多条马尔科夫链，每条都有不同的搜索起始点，而且在搜索的过程中自适应地调整搜索步长和方向，确保多个全局最优区域被有效地搜索。

Laloy 等（2012）提出了 MT-DREAM 方法（multiple try DREAM），该方法结合了 DREAM 方法以及多点 Metropolis（multiple try Metropolis，MTM）方法，保留了两种方法的优点：（1）对搜索步长和方向能够自适应调整；（2）通过在当前点同时产生多个候选点，能够对高维概率空间进行更加全面的探索；（3）算法的结构决定了它非常适合并行计算，大大提高计算效率。

5.2.4 算法收敛准则

关于采样序列还有一个重要的问题就是序列是否收敛到参数的后验分布。虽然从理论上讲，当采样序列进化过程趋向于无穷大时，序列必收敛，但是在实际应用时我们需要采集算法收敛后的序列进行后续的计算，所以合适的收敛判断准则就显得尤为重要。

Gelman 和 Rubin（1992）提出了一种收敛判断准则，该方法需要计算多条序列的方差。假定有 $m \geq 2$ 条序列，且长度为 $2n$，为了消除序列初始阶段的影响，剔除序列的前 n 项，对于后 n 项，收敛判断指标的构造过程如下：

通过下面公式计算 B/n、W，最后获得指标 $\hat{R}$ 计算公式，其中 B/n 为 m 个平行序列中样本均值 $\bar{x}_i$ 的方差，用于估计 m 条序列的变异程度，$\bar{x}$ 为 $\bar{x}_i$ 的均值。W 为 m 个平行序列样本方差的均值。

$$\frac{B}{n} = \frac{1}{m-1} \sum_{i=1}^{m} (\bar{x}_i - \bar{x})^2 \qquad (5.28)$$

$$W = \frac{1}{m} \sum_{i=1}^{m} s_i^2 \qquad (5.29)$$

$$\hat{R} = \frac{n-1}{n} + \frac{m+1}{mn} \frac{B}{W} \qquad (5.30)$$

5.3 贝叶斯反演维度优化

由于非线性贝叶斯反演结果是概率分布，需要对大量的模型进行正演计算，导致计算量巨大，目前，非线性贝叶斯反演大都是集中在参数估计和一维反演，很少有人涉及二维。如何用尽量少的参数来对模型进行描述也是非线性贝叶斯反演研究的一个重要方向。Chen 等（2012）利用 SBI（shape boundary inversion）方法，对大地电磁二维层状剖面进行非线性贝叶斯反演。在二维电磁数据反演研究方面，国外学者已经做了初步的研究，取得了一定的成果（Chen et al，2012；Rosas-Carbajal et al，2014；Ray et al，2014）。为了减少模型参数，提高计算效率，常用的二维模型描述方法有 Voronoi 单元以及马尔科夫随机场。

5.3.1 Voronoi 单元

Voronoi 单元的概念首先是由数学家 Voronoi（1908）提出的。随后此概念被应用到更多领域。它是一组由连接两相邻点直线的垂直平分线组成的连续多边形，Voronoi 单元的定义如下：假设 $P = \{m_1, m_2, \cdots, m_{n_p}\}$ 为一组 d 空间的点集，其中 $2 \leq n_p \leq \infty$，且 $m_i \neq m_j$，当 $i \neq j$ 时。点 m_i 的 Voronoi 单元由下面的公式给出：

$$V(\boldsymbol{m}_i) = \{\boldsymbol{x} \mid \|\boldsymbol{x} - \boldsymbol{m}_i\| \leq \|\boldsymbol{x} - \boldsymbol{m}_j\|, \ j \neq i, \ (i, j = 1, \cdots, n_p)\}$$

$$(5.31)$$

Voronoi 单元是一种非常有效的划分二维平面的方法。它可以描述各种各样复杂的几何图形。对地球物理反演问题来说，这种划分方式非常适合速度参数、电阻率参数在二维平面上进行参数化，而且只需要知道每个单元的节点的位置和取值。Bodin 等（2009）最早将这种方法引入到地震层析成像，将二维地震速度剖面利用固定数量的 Voronoi 节点来进行划分。随后 Bodin（2009）继续对该方法进行改进，引入了变维的思想，不再固定节点数目。Ray（2014）将该参数化方法应用于 CSEM 数据二维反演，大大减少了所需反演的参数个数。

5.3.2 马尔科夫随机场

马尔科夫随机场（Markov random fields，MRF）是另一种二维反演参数化方式。对于简单的参数估计问题和一维反演，由于参数少，利用马尔科夫链蒙特卡洛方法已经取得了许多成果。但是面对二维问题，参数数量激增，简单的套用 MCMC 方法对计算机的性能提出了苛刻的要求，例如 20×20 的网格就会产生 400 维的参数空间。因此，人们想到利用直接的二维随机过程描述二维反演问题。

马尔科夫随机场是马尔科夫链在二维空间的推广，类似于马尔科夫链，马尔科夫随机场也具有马尔科夫性，通过考虑事件的空间相关性来描述事件所处的状态，马尔科夫随机场最早作为一种数学统计理论被引入到图像分割识别领域，由于它具有空间马尔科夫性，因此在图像分割领域得到了广泛的应用。在图像处理过程中，由于各种原因的存在导致了图像的退化，处理这些退化的图像实际上就是去解决一个病态的逆问题过程。一幅图像中的单个像素的状态通常不能表达任何含义，其只有和相邻像素点结合在一起才具有意义，而马尔科夫随机场恰恰具有描述事件的空间相关性的特点。因此图像通常可以看作是一个马尔科夫随机场的实现，即单个像素点只与其邻域像素点有关。

马尔科夫随机场模型利用变量状态的转移概率矩阵对随机过程的未来状态进行分析预测，是一种半定量的研究方法。早期被应用于储层属性随机模拟中。马尔科夫随机场包含有马尔科夫性（Markov property）和随机场（random field）两层含义。

要了解马尔科夫随机场，首先要了解邻域系统。设 $S = \{(i, j) \mid 1 \leq i \leq M, 1 \leq j \leq N\}$ 为一个定义在二维平面上的空间位置集，如果集合 $\delta = \{\delta(s) \mid s \in S\}$ 满足如下条件：

（1）$\delta(s) \subset S$；

（2）$s \notin \delta(s)$；

（3）$\forall s, t \in S, \ s \in \delta(t) \Leftrightarrow t \in \delta(s)$，

s，t 为定义于 S 上的点，则称 δ 为定义在 S 上的邻域系统的集合。此时，s 为中心点，$\delta(s)$ 为邻域点，通过邻域点与中心点的距离定义邻域系统的阶次。这里的距离，通常为欧式距离。根据不同阶次的邻域系统就可以定义势团。如图 5.3 所示，分别为一阶和二阶邻域系统。图中黑色区域为中心点，灰色区域为邻域点。

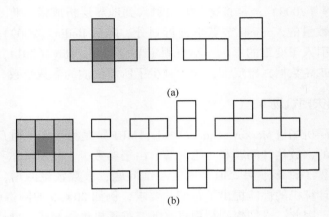

(a)

(b)

图 5.3　邻域系统
（a）一阶邻域系统；（b）二阶邻域系统

根据上述邻域系统的定义，马尔科夫随机场可以描述为：

设 δ 为 S 上的邻域系统，若随机场 $X = \{x_s \mid s \in S\}$ 满足如下条件：（1）$P\{X = x\} > 0$，$\forall x \subset \Lambda$；（2）$P\{X_s = x_s \mid X_r = x_r, r \neq s, \forall r \in \delta(s)\} = P\{X_s = x_s \mid X_r = x_r, \forall r \in \delta(s)\}$，则称随机场 X 是以 δ 为邻域系统的马尔科夫随机场。邻域系统 δ 的马尔科夫随机场的含义可以表述为：在任意格点 X 的其余格点位置上的随机变量 x_s 的取值都已知的条件下，随机场在格点 s 处的取值概率只与格点的 δ 邻点有关。

在地球物理物性参数反演中，一个物性参数剖面中每个网格的取值只与其邻域系统内邻点的物性参数大小有关，因此可以把二维剖面看作是一个马尔科夫随机场，从而对其进行处理。

上面第 2 个条件称为马尔科夫随机场的条件概率形式，直接求解非常困难。而通过 Harmmersley-Clifford 定理，可以发现 Gibbs 随机场和马尔科夫随机场性质之间的等价关系。Harmmersley-Clifford 定理的出现使得马尔科夫随机场中的先验概率求解问题有了很好的解决方法，即将马尔科夫随机场的概率求解问题转换成了能量求解的问题，直接用 Gibbs 分布来求解马尔科夫随机场中的概率分布。

Harmmersley-Clifford 定理：设 S 是一个邻域系统，x 是关于 S 的马尔科夫随机场的充要条件是 $P\{X = x\}$ 是一个关于 S 的 Gibbs 分布。Gibbs 分布的表达式为：

$$P(x) = \frac{1}{Z} \exp \left[-\frac{U(x)}{T} \right] \qquad (5.32)$$

式中，Z 为归一化常数；T 为温度；$U(x)$ 为能量函数。

式（5.32）将 Gibbs 分布的能量函数与马尔科夫随机场概率联系起来，这样就可以通过求取 Gibbs 分布的能量函数来获得马尔科夫随机场概率。

马尔科夫随机场目前在地球物理领域也有了初步的应用，Lee（2002）最早将马尔科夫随机场引入到多孔介质的参数估计中。田玉昆等（2013）利用马尔科夫随机场进行岩性识别，利用叠前反演的弹性参数构造先验模型，在贝叶斯框架下建立岩性分类的目标函数，实现了岩性识别。基于马尔科夫随机场模型能够描述相邻点之间的关系的特征，最后得到横向上延续的岩性剖面。Chen（2014）利用马尔科夫随机场首次对二维的大地电磁数据进行了反演，通过将二维剖面划分为像素网格，再利用高斯马尔科夫随机场来描述反演参数，并将其应用到地热勘察中。

6 大地电磁数据贝叶斯变维反演

　　大地电磁测深法是利用天然变化的电磁场进行深部地质构造研究的一种频率域电磁法。由于该方法不需要人工建立场源，装备轻便、成本低，且具有比人工源频率域方法更大的勘探深度，现在已广泛用于研究地壳和上地幔地质构造以及深部矿产勘探（李金铭，2005）。目前，大部分的大地电磁反演方法都是基于最优化理论的梯度类方法，但是这类方法却存在着本质上的缺陷：（1）绝大部分地球物理反问题是非线性反问题，而梯度类方法需要对目标函数进行线性化近似，会产生近似误差；（2）反演结果受初始模型影响，对于高维、多峰参数空间，迭代搜索容易陷入局部极值。20世纪90年代后期，国内外学者开始关注直接的非线性反演方法，先后引入并提出了模拟退火、遗传算法、多尺度、人工神经网络、蚁群算法、粒子群算法等多种非线性反演方法（刘云峰等，1997；师学明等，1998；徐义贤等，1998；王家映，2008；王书明等，2009），这些反演方法通过模拟或者揭示某些自然现象或者物理过程而得到发展，为解决地球物理中复杂的反问题提供了新的思路和手段。但是这些方法和上述梯度类方法类似，依然基于最优化理论，只能给出最优解，本质上仍是单点估计，无法对反演结果的可靠性进行评价。

　　为了克服上述困难，近年来发展了基于概率统计思想的随机反演方法。随机反演的思想早在20世纪80年代（Tarantola，1987）就已提出。随机反演方法将所有变量都看成是随机变量，而反演就是利用贝叶斯公式来确定解所服从的概率分布。随机反演方法的优点在于反演结果以后验分布的形式给出，并且能够直观地对反演结果的不确定性进行评价。由于随机反演方法的结果是一个多元概率分布，为了获得概率分布解，需要利用非线性随机采样方法对整个模型参数空间进行采样，用获得的样本来描述结果的不确定性（尹彬等，2016）。

　　随机采样方法是随机反演的基础，马尔科夫链蒙特卡洛方法是一种发展成熟的随机采样方法，已经有了许多成果（Tarits et al，1994；Sen et al，1996；Grandis et al，1999；Sambridge et al，2002；杨迪琨等，2008；Guo et al，2011；张广智等，2011b；张繁昌等，2014；王保丽等，2015a；Gehrmann et al，2016；Wirth et al，2017；Titus et al，2017）。但是该方法只能对固定个数的参数进行采样，使其应用范围受到限制。

　　变维反演是最近发展起来的一种基于随机反演思想的方法，该方法将参数个数（参数空间维度）也看成随机变量，利用可逆马尔科夫链蒙特卡洛方法同时对不同维度的参数空间进行采样。其突出的优势在于可以将地球物理反演中常见的层状介质的层数（参数个数）作为反演参数进行采样。贝叶斯公式天生的"吝啬"性质使得结果总是能获得最简单模型。变维反演的思想早在 21 世纪初就被引入到地球科学，并且广泛应用于地震（Sambridge，2014；Ray et al，2016；Saygin et al，2016）、重磁（Luo，2010）、电磁数据（Minsley，2011；Ray et al，2013；Hauser et al，2016）的反演，取得了不错的效果。国内学者关于这方面的研究还比较少，殷长春等（2014）利用变维反演方法对频率域航空电磁数据进行了一维反演，加入了模型约束项，改善了反演结果。

目前，随机反演方法的不足就在于对模型参数空间搜索过程中耗时太长，计算效率低下，严重阻碍了此类方法的发展，因此，快速、高效的采样方法一直是随机反演方法的研究热点。本章将改进的并行回火算法引入到采样过程中，对大地电磁一维层状模型进行反演，通过同时运行多条不同温度的马尔科夫链，加速算法收敛，使得采样过程能够更好地对高维、多峰参数空间进行搜索，并且自动获得关于模型结构的层状划分结果，减少人为解释的主观因素影响。

6.1 大地电磁数据贝叶斯变维反演

在贝叶斯框架下，由第 4 章公式可知，后验概率可以通过先验概率和似然函数的乘积给出：

$$p(m \mid d) \propto p(d \mid m)p(m) \tag{6.1}$$

式中，d 为观测数据；m 为模型参数；$p(m)$ 为模型先验信息；$p(d \mid m)$ 为似然函数，用来衡量对观测数据的拟合程度；$p(m \mid d)$ 为后验概率。反演的解是后验概率分布，但是不能直接解出，需要通过采样方法来获得。由于是常数，因此后验分布可以表示为：

如果噪声服从高斯分布，似然函数可以表示为：

$$p(d \mid m) = \frac{1}{\sqrt{(2\pi)^N |\boldsymbol{C}_d|}} \exp\left[-\frac{(d - f(m))^{\mathrm{T}} \boldsymbol{C}_d^{-1} (d - f(m))}{2} \right] \tag{6.2}$$

式中，$f(m)$ 为正演响应；$\boldsymbol{C}_d$ 为数据协方差矩阵；N 为观测数据个数。

6.1.1 模型参数化

在利用贝叶斯理论进行反演之前，先需要对模型进行参数化。对于大地电磁数据，选择电阻率、界面深度和界面个数作为反演参数，即：

$$m_k = (\rho_k, z_k, k) \tag{6.3}$$

式中，k 为层状介质的界面个数（即层数为 $k+1$）；ρ_k 和 z_k 分别为第 k 层的电阻率和界面深度。

6.1.2　先验信息

在贝叶斯反演中，先验信息是独立于观测数据之外的，根据上述模型参数化过程，先验信息可以表示为：

$$p(m) = p(\rho,\ z\mid k)p(k) \tag{6.4}$$

（1）层数先验信息。根据 Ray（2012），将层数的先验概率分布定义为区间上的均匀分布，即给定模型参数的变化范围：

$$p(k) = \begin{cases} \dfrac{1}{k_{\max} - k_{\min}} & k_{\min} \leqslant k \leqslant k_{\max} \\ 0 & \text{otherwise} \end{cases} \tag{6.5}$$

式中，$k_{\min}$、$k_{\max}$ 分别为层数的最小值和最大值，一般来说 $k_{\min} = 1$，$k_{\max}$ 取一个相对较大的数，以满足数据拟合的需要。由于模型参数中视电阻率和深度是相互独立的变量，所以公式可以继续变化为：

$$p(m) = p(\rho,\ z\mid k)p(k) = p(\rho\mid k)p(z\mid k)p(k) \tag{6.6}$$

（2）界面深度先验信息。变维反演最重要的一点就是对层数的自适应调整以达到变维的目的，这就会导致界面深度的不确定。对于界面深度的先验信息的确定，有以下不同的方式：

对于包含 k 层的层状地下介质，Malinverno 给出了一种界面深度先验信息公式：

$$p(z\mid k) = \frac{(k-1)!}{\prod_{i=0}^{k-1}\Delta z(i)} \tag{6.7}$$

式中，$(k-1)!$ 为 $k-1$ 层的排列；$\Delta z(i) = (z_{\max} - z_{\min}) - 2ih_{\min}$，$h_{\min} = (z_{\max} - z_{\min})/(2k_{\max})$，$h_{\min}$ 的设置是为了保证已有 i 层界面的基础上，可以设置新界面的空间；$z_{\max}$ 和 $z_{\min}$ 分别为界面深度范围的最大值和最小值。

本书基于排列与组合的思想，首先假设地下介质是由 $N+1$ 层薄层组成的（图6.1），对于包含 k 层界面的介质，我们假设界面深度可以处于 N 个界面中的任意位置，所以界面深度的先验信息可以表示为在 N 个界面里面选择 k 个界面的概率，即

$$p(z\mid k) = \begin{cases} \dfrac{1}{C_N^k} & z_{\min} \leqslant z \leqslant z_{\max} \\ 0 & \text{otherwise} \end{cases} \tag{6.8}$$

（3）电阻率先验信息。根据上述界面深度先验信息，对于具有 k 层界面的层状介质，电阻率先验公式为

$$p(\rho \mid k) = \begin{cases} \left(\dfrac{1}{\rho_{\max} - \rho_{\min}} \right)^{k+1} & \rho_{\min} \leqslant \rho \leqslant \rho_{\max} \\ 0 & \text{otherwise} \end{cases} \tag{6.9}$$

式中，$\rho_{\max}$ 和 $\rho_{\min}$ 分别为电阻率范围的最大值和最小值。因此根据公式可以得到模型的先验信息：

$$p(m) = \begin{cases} \dfrac{k! \,(N-k)!}{N! \,\cdot \Delta k \cdot (\rho_{\max} - \rho_{\min})^{k}} & z \in [z_{\min}, z_{\max}], \rho \in [\rho_{\min}, \rho_{\max}], \forall k \in [k_{\min}, k_{\max}] \\ 0 & \text{otherwise} \end{cases}$$

$$\tag{6.10}$$

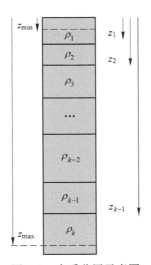

图 6.1 介质分层示意图

6.2 变维反演原理

贝叶斯反演的最终目的是希望获得解的后验概率分布，但是直接通过计算获得后验分布这并不现实，因为大多数情况下，后验分布都是高维空间的积分，很难得到解析表达式，因此需要对后验分布进行抽样，通过获得的样本来估计参数的特征，获得反演结果。

对于大部分的需要网格划分或参数设置的反演问题，在进行反演之前都需要提前设置未知参数个数，如地下介质的层数，二维或三维网格剖分数等。对于反演问题，参数的增加必然会带来结果的改进，但是过多的参数同样会导致过度拟合，增加问题的复杂性。所以需要在复杂性和精确性之间做出权衡。处理这一问题，就需要找到一个解，在满足精度要求的情况下，尽可能地用包含较少参数的模型来拟合观测数据。

统计学中已经发展了许多基于数据判断参数选择是否合理的方法，包括贝叶斯信息准则（BIC），Akaike 信息准则以及 F-test 等方法。

Akaike 信息准则：

$$\mathrm{AIC}(m) = -2\ln p(d \mid m) + 2k \tag{6.11}$$

贝叶斯信息准则：

$$\mathrm{BIC}(m) = -2\ln p(d \mid m) + k\ln(N) \tag{6.12}$$

贝叶斯信息准则是基于贝叶斯模型选择理论的方法，通过计算并比较不同模型的 BIC 信息来推断模型的最佳参数个数（Schwarz，1978）。其中 $\ln p(d \mid m)$ 表示模型似然函数的对数，k 和 N 分别表示模型参数个数和数据个数。当计算得到两个不同模型的 BIC 值后，选择 BIC 较小的那个模型。这就是 BIC 模型选择过程。为了获得模型的 BIC，需要通过全局优化方法进行计算。

6.2.1 RJMCMC 算法

可逆跳跃马尔科夫链蒙特卡洛算法（reversible jump MCMC）是一种基于 Metropolis-Hastings 采样准则的数值采样方法，是 MCMC 方法的一种改进，优点在于可以同时对不同维度的参数化模型进行采样，具体理论前面已做过介绍。其接受准则为：

$$\alpha(m_k, m'_{k'}) = \min\left[1, \frac{p(k', m'_{k'})}{p(k, m_k)} \times \frac{p(d \mid k', m'_{k'})}{p(d \mid k, m_k)} \times \frac{q(k, m_k \mid k', m'_{k'})}{q(k', m'_{k'} \mid k, m_k)} \mid J \mid \right]$$
$$\tag{6.13}$$

式中，m' 为模型扰动产生的候选模型；$\dfrac{p(k', m'_{k'})}{p(k, m_k)}$ 为先验信息比；$\dfrac{p(d \mid k', m'_{k'})}{p(d \mid k, m_k)}$ 为似然函数比（likelihood function ratio）；$\dfrac{q(k, m_k \mid k', m'_{k'})}{q(k', m'_{k'} \mid k, m_k)}$ 为建议分布比（proposal distribution ratio）。建议分布的选择不会影响算法的收敛，但是会对收敛速度产生影响，好的建议分布能使算法快速地收敛于马尔科夫链的不变分布，本章中建议分布采用多元高斯分布。J 表示不同模型之间的雅克比矩阵。对于标准的 MH 准则，先验信息比、建议分布比以及 $\mid J \mid$ 都为 1。因此当拟合差得到改善时，MH 算法大部分情况都是朝着后验概率高的方向选择，但是拟合差没有改善时，算法也有一定的概率朝着后验概率低的方向选择样本。

6.2.2 模型更新过程

模型更新过程是变维反演的核心思想。变维反演的模型更新过程主要包括两点：一是模型参数的扰动更新，即在不改变参数个数的情况下，对参数的值进行扰动，以此来获得新的模型，这也是一般反演方法最常用的参数更新方式；另一种更新是指对描述模型的参数数量进行更新，这也是"变维"的来源，即对参数空间的维度进行更新，以期找出最符合数据的模型。

（1）初始化。对于变维反演，初始模型应该选择最简单的模型。因此，选择 2 层介质作为反演的初始模型，即 $k=1$。界面深度以及电阻率都基于公式随机给出。反演过程中模型的更新过程就是在此基础上对界面进行增加或是减少，以及对每层的电阻率进行扰动，以此获得新的模型。

（2）模型扰动。模型扰动是模型更新的重要步骤，目前常用的模型扰动过程都是基于 Malinverno（2002）提出的生灭扰动（birth-death）产生候选模型的方法，生灭扰动包括了新层产生、旧层灭亡、界面深度扰动和不变四种过程。

1）新层产生：$k'=k+1$，从深度范围 $[z_{\min}, z_{\max}]$ 内随机选择某一深度并在此设置一个分层界面。由于新界面的产生，新的界面上下层的电阻率需要更新，通过随机选择上（下）层的电阻率进行更新（图 6.2）。

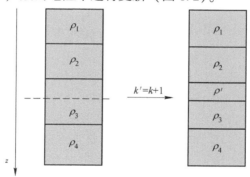

图 6.2　新层产生过程

2）旧层灭亡：$k'=k-1$，随机选择一个已经存在的界面并删除此界面。新融合的这层介质的电阻率随机从被删除界面的上层介质或下层介质电阻率中选择（图 6.3）。

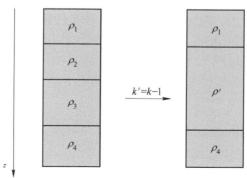

图 6.3　旧层灭亡过程

3）界面深度扰动：$k' = k$，随机选择一个已经存在的界面，以一维高斯分布对其深度进行扰动，若界面深度经过扰动后位置发生较大改变，且超过原界面上下相邻界面的深度时（即深度大于下相邻下界面或是深度小于上界面时），这次的深度扰动过程看成是界面的一次 death/birth 过程，即界面位置移动到其他层之间（图6.4）。

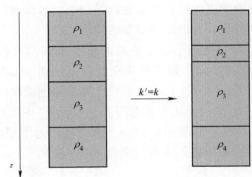

图 6.4 界面深度扰动过程

4）不变：$k' = k$，同时界面深度也不发生变化，即 $z' = z$。

（3）选择策略。根据 Ray（2012），在马尔科夫链更新过程中，设置奇数步进行电阻率扰动更新，即不改变界面深度关系，由于没有改变参数个数，可以直接利用 MCMC 方法进行采样，建议分布采用多维高斯分布。而在偶数步，采用上述四种模型扰动过程进行更新，每一种操作的选择依据一定的概率进行选择，为了增强模型的扰动能力，将新层生成和旧层灭亡的概率适当提高，概率分别设置为：

$$q(k' \mid k) = \begin{cases} 3/8, & k' = k + 1 \\ 3/8, & k' = k - 1 \\ 1/8, & k' = k \\ 1/8, & k' = k, \ z' = z \end{cases} \tag{6.14}$$

（4）建议分布设置。对于没有界面数目变化的模型扰动（只有深度变化），建议分布与 MCMC 方法相同，基于多维高斯分布。生灭过程的建议分布通过公式可以计算得到，新层产生时，是在已有 k 层的基础上，从剩下的 $N-k$ 层中选择某一深度界面，由于界面的选择和扰动是相互独立事件，所以建议分布计算过程如下：

$$\begin{aligned} \text{proposal ratio} &= \frac{q(m \mid m')}{q(m' \mid m)} = \frac{q(z \mid m') q(\rho \mid m')}{q(z' \mid m) q(\rho' \mid m)} \\ &= \frac{N - k}{k + 1} \cdot \sqrt{2\pi} \, \sigma_\rho \exp\left[\frac{(\rho' - \rho)^2}{2\sigma_\rho^2}\right] \end{aligned} \tag{6.15}$$

根据式（6.13），得到接受概率的计算公式如下：

$$\alpha_{\text{birth}} = \min\left\{1, \frac{\sqrt{2\pi}\,\sigma_\rho}{\Delta\rho}\exp\left[\frac{(\rho'-\rho)^2}{2\sigma_\rho^2}\right] \cdot \frac{p(d\mid m')}{p(d\mid m)}\right\} \tag{6.16}$$

旧层灭亡时，是在已有的 k 层界面里面随机选择某一界面进行删除，建议分布公式如下：

$$\text{proposal ratio} = \frac{q(m\mid m')}{q(m'\mid m)} = \frac{q(z\mid m')q(\rho\mid m')}{q(z'\mid m)q(\rho'\mid m)}$$

$$= \frac{k}{[N-(k-1)]} \cdot \frac{1}{\sqrt{2\pi}\,\sigma_\rho}\exp\left[-\frac{(\rho-\rho')^2}{2\sigma_\rho^2}\right] \tag{6.17}$$

对于界面深度扰动策略，由于其并没有改变界面总数，即反演的参数空间并没有发生变化，所以界面深度扰动的更新过程基于标准的 MCMC 采样。因此利用 RJMCMC 算法的接受准则公式计算得到变维反演的接受准则，即

$$\alpha_{\text{death}} = \min\left\{1, \frac{\Delta\rho}{\sqrt{2\pi}\,\sigma_\rho}\exp\left[-\frac{(\rho-\rho')^2}{2\sigma_\rho^2}\right] \cdot \frac{p(d\mid m')}{p(d\mid m)}\right\} \tag{6.18}$$

式中，σ_ρ 为电阻率标准差，用于控制建议分布的扰动范围。

6.2.3 收敛性分析

由于 MCMC 方法存在预烧期（burn-in period）的特点，为了不影响后验概率的计算，以往的方法都是剔除预烧期内的采样样本，然后利用后续的采样样本进行统计推断。但是依然存在很多数据拟合差很大的样本会出现的情况，直接影响到解的正确性。为此我们将对剔除预烧期后的采样样本进行二次筛选，选出拟合差满足规定阈值范围的采样样本。对于采样过程结束的判断，本书采用限定最大采样步数来确定。

6.3 并行回火技术

并行回火技术（parallel tempering，PT）也叫 Metropolis-Coupled Markov Chain Monte Carlo 或是副本交换（Earl and Deem，2005），其思想最早可以追溯到 1986 年 Swendsen 和 Wang 发表的论文（Swendsen and Wang，1986），在这篇论文中，他们提出了副本蒙特卡洛方法（replica Monte Carlo），不同温度的副本可以同时模拟，相邻温度的副本可以交换信息。并行回火技术的基本思想是同时运行多条副本，每条副本都赋予一定的"温度"，相邻副本之间可以通过 Metropolis-Hastings 准则进行交换，这种通过不同副本之间的信息交换可以使得单条副本能够克服能量势垒的影响，从而使整个系统达到平衡态。

并行回火与模拟退火有着相似之处，本质上都是通过"温度"来改善优化

过程，模拟退火算法作为全局优化算法由 Kirkpatrick 等最早提出，被用来解决组合优化问题。在寻优过程中，对候选解的接受准则也是基于 Metropolis 准则，即模拟退火是一种最简单的 MH 采样方法——随机游走策略。但是模拟退火与并行回火也有着许多不同之处：（1）并行回火的"并行"说明并行回火是对多条副本同时优化，而且还需要不同副本之间交换，而模拟退火算法是单独的寻优过程；（2）并行回火的"回火"说明并行回火的温度是可以"回升"的，而模拟退火算法的温度需要设置成逐步下降。

目前，大部分的贝叶斯反演都是基于单条马尔科夫链的采样过程，虽然只要满足细致平衡条件，马尔科夫链总是会收敛到平稳分布，但是对于地球物理反演或是其他工程计算领域，通常需要对大量的参数进行反演，换句话说，就是要对高维、复杂多峰的参数空间进行采样，简单的基于单链的 MCMC 方法已经无法满足计算的需要。

对于高维、多峰的完全非线性反演问题，简单的基于单链的 MCMC 方法存在不足之处：首先，由于建议分布的参数需要人为选择，不好的建议分布会导致预烧期过程太长，影响算法收敛速度；其次，由于高维、多峰参数空间的复杂性，无法克服能量壁垒对参数空间进行完全采样。为了加快对整个参数空间进行充分的搜索，将并行回火技术引入，同时运行多条马尔科夫链，并对不同的链定义不同的"温度"，温度的加入使得马尔科夫链可以从更加平滑的似然函数中进行采样。

6.3.1 算法原理

并行回火技术对似然函数进行了修改，添加了温度，不同温度下的似然函数表达式变为：

$$p\left(d \mid m\right)_{T_j} \propto \exp\left[-\frac{(d-d(m))^{\mathrm{T}} C_d^{-1}(d-d(m))}{2T_j}\right] \quad (6.19)$$

式中，$d(m)$ 为模型正演响应；T_j 为第 j 条链的温度，计算时每条链称为一个副本（replica），每个副本与相邻副本之间通过 Metropolis-Hastings 准则进行交换。采样过程中，温度较高的链通常对整个空间进行搜索，而温度较低的链由于容易陷入局部极值，通常是对局部空间的精细采样。其概率接受公式：

$$\alpha_{\mathrm{swap}} = \min\left[1, \frac{p\left(d \mid m_i\right)_{T_j}}{p\left(d \mid m_j\right)_{T_j}} \times \frac{p\left(d \mid m_j\right)_{T_i}}{p\left(d \mid m_i\right)_{T_i}}\right] \quad (6.20)$$

当两个副本之间满足交换条件后，将按照下述规则进行互换：

$$(m_i, T_i), (m_j, T_j) \rightarrow (m_i, T_j), (m_j, T_i) \quad (6.21)$$

标准的并行回火技术是相邻温度的马尔科夫链之间依据交换准则进行交换，Sambridge（2014）对标准并行回火算法进行了改进，如图 6.5 所示，使得每条链可以与其他任意链进行交换，大大增强了算法的搜索能力。本书采用改进的并行回火算法，同时运行多条马尔科夫链进行计算。

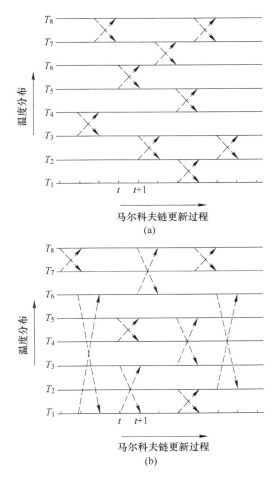

图 6.5 标准并行回火算法（a）及改进并行回火算法（b）

加入改进的并行回火算法后，整个贝叶斯反演的流程如图 6.6 所示，主要包括可逆跳跃 MCMC 方法和并行回火算法两个部分。

6.3.2 性能测试

为了说明温度的加入对采样效果的改善过程，我们利用一个测试用的概率分布函数来对改进并行回火算法进行测试（Atchadé et al，2011）。其分布函数表达式为

$$f(x) = 2^{-x} + 2^{-(100-x)} \tag{6.22}$$

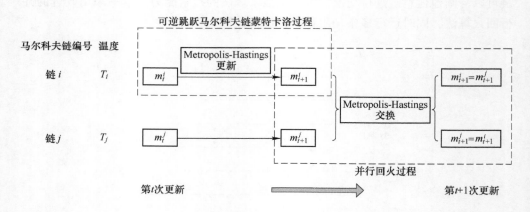

图 6.6　并行回火贝叶斯反演算法流程图

分布函数图像如图 6.7 所示，此函数最早被用来测试并行回火的温度梯度。从图像上可以看出分布函数包含两个极值，分别在 $x = 0$ 和 $x = 100$ 处取得，但是中间处概率分布极低，最低处甚至达到了 $f(x) \approx 10^{-15}$。对于一般的 MCMC 方法，从给定的初始点（如 $x = 0$ 或 $x = 100$）处，要想对整个区间进行采样相当困难，因为中间的极小值难以逾越。为了计算方便，测试时，我们将 x 轴区间离散化，将整个 $[0, 100]$ 区间离散为 101 个点，$x_i = i (i = 0, 1, \cdots, 100)$。为了便于测试，减少其他人为因素的干扰，选择最简单的 MCMC 方法——Metropolis 随机游走策略来进行更新与采样，随机游走策略的建议分布是对称的，采样时，假定 x 每次的更新都是在 x 轴向左或是向右移动一个单位，此时，建议分布可以表示为

$$q(x_j \mid x_i) = \begin{cases} 1/2, & j = i \pm 1 \\ 1, & i = 0, \ j = 1 \text{ or } i = 100, \ j = 99 \\ 0, & \text{otherwise} \end{cases} \tag{6.23}$$

再根据 MH 准则，采样的接受准则为

$$\alpha = \min\left[1, \ \frac{f(x_j)}{f(x_i)} \times \frac{q(x_i \mid x_j)}{q(x_j \mid x_i)} \right] \tag{6.24}$$

测试结果如图 6.8 所示，图 6.8（a）是利用标准 MCMC 方法单条马尔科夫链采样得到的结果，从结果可以看出，由于没有加入温度，采样结果始终在 $x = 0$ 附近徘徊，无法越过概率极小值区域，经过 10000 次采样后，结果依然没有改善。图 6.8（b）显示的是两条不同温度的马尔科夫链同时采样，温度分别设置为 $T = 1$ 和 $T = 1000$，经过相同的采样次数，并且链之间根据 MH 准则进行交换。可以看到结果得到了很大的改善，温度 $T = 1$ 的马尔科夫链深灰色部分通过交换，在经过大概 7000 次采样后，采样过程越过了中间概率极小值区域，对 $x = 100$ 附

近进行了采样。对于温度较高的链，由于温度的加入使得其在整个区间都能正常地采样，并没有受到中间概率极小值的影响。图 6.8（c）和图 6.8（d）是标准并行回火和改进并行回火技术的一个对比，同时采样 10 条链，温度 T 从 1 到 1000 等对数分布，只是链之间的交换规则不同，结果显示，基于改进的并行回火技术优化的采样过程，能够长时间，频繁地在概率极小值区间跳跃，这说明改进的并行回火技术对采样效率的改善是显著的。

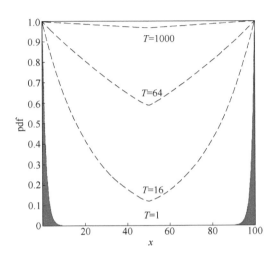

图 6.7　测试分布函数图像

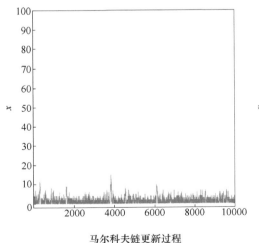

马尔科夫链更新过程

(a)

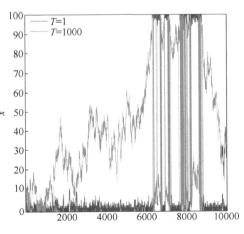

马尔科夫链更新过程

(b)

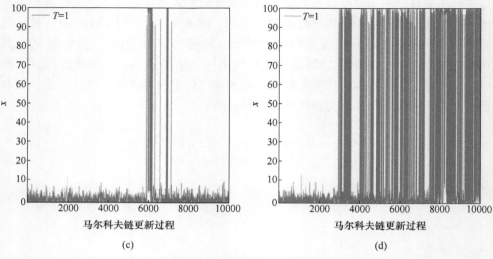

图 6.8   测试函数试验结果

6.4   理论模型反演数值试验

为了验证算法对处理大地电磁数据的有效性，设计了两个简单层状模型。模型一为简单三层模型，中间为一低阻层，模型参数见表 6.1。设置最小层数 $k_{min} = 1$ 和最大层数 $k_{max} = 30$，电阻率的扰动范围为 $[0.1, 1000]$（单位：$\Omega \cdot$ m），界面深度的扰动范围为 $[1, 2000]$（单位：m），并加入 5% 的高斯随机噪声。同时运行 12 条马尔科夫链，温度分布范围为 0~2.5 等对数间隔，采样次数为十万次。

表 6.1   模型一参数

电阻率/$\Omega \cdot$ m	500	20	100
厚度/m	200	600	

视电阻率反演结果如图 6.9（a）所示，颜色的深浅代表了反演结果的不确定性，从图中可以看到，浅部高阻层和中间低阻层能够清晰地显示出来，图中虚线 1 表示真实模型，虚线 2 表示最大后验概率模型，两侧的虚线 3 表示 5%~95% 的概率分布区间。对于深部高阻部分，最大后验解虽然给出了比较可靠的结果，但是不确定估计的区间范围较大；图 6.9（b）反映的是界面所在位置的概率分布情况，图中实线 1、2 表示真实界面的位置；图 6.9（c）给出了层数的概率分布，白色实线表示真实层数。

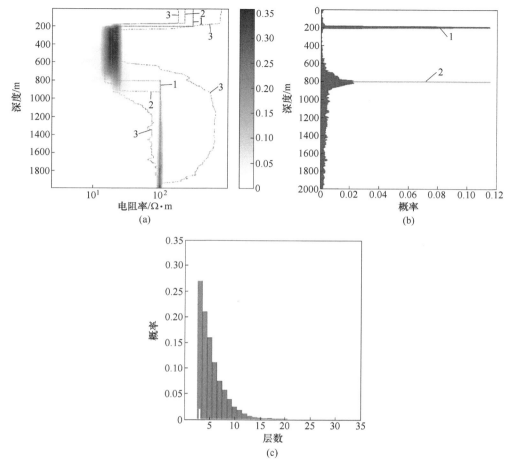

图 6.9 模型一反演结果

(a) 视电阻率反演结果 (真实电阻率值 (虚线 1), 最大后验模型 (虚线 2));
(b) 界面深度概率分布; (c) 真实层数概率分布

模型二为四层地电模型, 模型参数见表 6.2。设置最小层数 $k_{min}=1$ 和最大层数 $k_{max}=30$, 电阻率的扰动范围为 [0.1, 1000] (单位: $\Omega \cdot m$), 界面深度的扰动范围为 [1, 2000] (单位: m), 并加入 5% 的高斯随机噪声。同时运行 12 条马尔科夫链, 温度分布范围为 0~2.5 等对数间隔, 采样次数为二十万次。

表 6.2 模型二参数

电阻率/$\Omega \cdot m$	250	25	100	10
厚度/m	200	100	600	

模型二的反演结果如图 6.10 所示。可以看出, 在层数扰动范围不变的情况

下，变维反演依然清晰地反演出界面所在位置，两个低阻层都能够清晰地反映出来，并且给出了视电阻率的分布范围，与真实情况较为吻合。

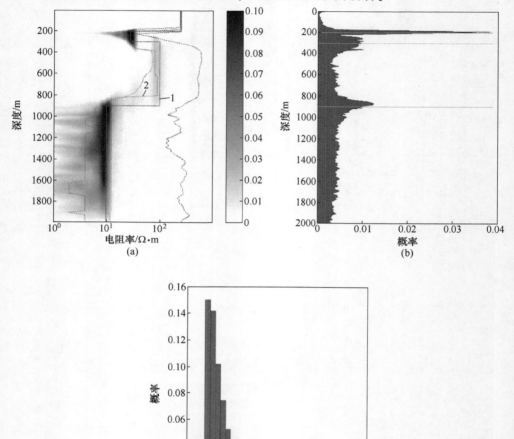

图 6.10   模型二反演结果

（a）视电阻率反演结果（真实电阻率值（虚线 1），最大后验模型（虚线 2））；
（b）界面深度概率分布；（c）真实层数概率分布

在相同的采样次数下，传统的 RJMCMC 变维反演结果很差，难以反演出真实的视电阻率分布特征以及分层界面。图 6.11 展示了模型二的并行回火算法与标准 RJMCMC 方法的对比，可以看出并行回火技术对算法的改进是明显的，使得采样过程的预烧期明显减少，马氏链能够迅速达到稳定状态。

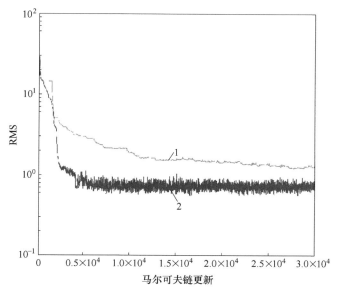

图 6.11 RMS 对比 (传统变维反演和并行回火)

1—RJMCMC; 2—并行回火

7 结论与展望

7.1 结论

　　不管是在地球物理学还是数学研究中，反演方法研究（或者说反问题研究）一直都是研究的热点方向，通过对观测资料的反演，才能获得对地下结构的了解与认识。大地电磁作为经典的基于天然场源的电磁法在电法勘探领域占有重要地位，本书作者对智能优化算法应用、大地电磁非线性贝叶斯反演方法等进行了研究，主要内容如下：

　　（1）从最优化理论入手，对常见的智能优化算法进行了介绍，分析了每种算法的基本原理、实现过程以及存在的问题。为后续对果蝇优化算法的改进提供了思路。

　　（2）实现了基于改进的果蝇优化算法的大地电磁数据反演。对果蝇优化算法进行改进，融合差分进化算法的思想，利用交叉算子和变异算子改进果蝇的随机步长策略，提高了算法的寻优能力，利用测试函数对算法进行了测试，并与标准果蝇优化算法和差分进化算法结果进行了对比，证实了改进的果蝇优化算法的优秀性能，在此基础上，利用改进的果蝇优化算法对一维层状介质大地电磁数据进行了反演，为了测试算法对噪声的抗干扰能力，对不同噪声水平的大地电磁数据都进行反演，反演过程稳定，收敛速度快，对噪声不敏感，结果表明改进的果蝇优化算法应用于大地电磁数据的反演是可行的。

　　（3）对非线性贝叶斯反演方法进行了总结。对前人的研究成果进行了总结，对非线性贝叶斯理论的发展以及数值采样方法进行了归纳和总结，提出了自己的关于非线性贝叶斯反演的一些想法。

　　（4）实现了大地电磁数据的贝叶斯变维反演。利用 RJMCMC 方法，对一维层状模型的大地电磁数据进行变维反演，将模型参数个数作为变量参与反演。利用贝叶斯公式天生的"吝啬"性质对参数个数进行判断。为了加速采样收敛过程，引入并行回火技术，减少预烧期（burn-in period），达到快速采样的目的，结果显示并行回火技术能够加速采样速度。

7.2 展望

受限于作者知识水平、时间和精力，本书的研究内容还存在诸多需要改进和完善的地方，下一步的研究将包括以下几个方面：

（1）智能优化算法研究。目前，由于科技的进步和计算机硬件的发展，关于完全的非线性全局优化算法一直都是数学以及工程领域的研究热点，如何提高算法优化能力，如何将不同的优化算法进行融合，取长补短，提出更加适合地球物理反演的优化方法，这些都是下一步需要思考的问题。

（2）实现果蝇优化算法二维反演。由于时间有限，本书只实现了果蝇优化算法的一维反演，这还是远远不够的，下一步将继续挖掘果蝇优化算法的潜能，对二维的大地电磁数据反演进行研究，由于二维情况下的模型参数数据剧增，并且需要考虑参数的空间约束，这对全局优化算法都是不小的挑战。

（3）贝叶斯二维反演技术。受到计算机硬件和采样算法的限制，目前大部分的贝叶斯反演技术都集中在对少量参数进行估计。由于计算量巨大，作者只在个人电脑上实现了一维的大地电磁变维反演。面对复杂地质条件，贝叶斯方法离实用化还有一段距离，并行计算、三维反演都将是今后关注的方向。对于二维反演，由于需要消耗大量的计算内存，目前还无法实现，下一步的研究将关注基于计算机机群的分布式计算，希望通过并行计算的方式来实现二维的贝叶斯反演。

（4）应用推广。本书所有方法的研究都仅仅局限于处理大地电磁数据，但是全局优化理论以及贝叶斯反演方法都是具有普适性的理论和方法，下一步将对书中已有的方法在其他领域进行推广与应用。

参 考 文 献

陈双全，王尚旭，季敏，等.2005.地震波阻抗反演的蚁群算法实现［J］.石油物探，（6）：31～33.

程慧，刘成忠.2013.基于混沌映射的混合果蝇优化算法［J］.计算机工程，（5）：218～221.

董莉，李帝铨，江沸菠.2015.差分进化算法在 MT 信号激电信息提取中的应用研究［J］.地球物理学进展，（4）：1882～1895.

窦玉坛，史松群，刘化清.2013.基于 FOA 的叠前反演方法［J］.石油地球物理勘探，（6）：948～953.

韩俊英，刘成忠.2013.自适应混沌果蝇优化算法［J］.计算机应用，（5）：1313～1316.

韩俊英，刘成忠.2014.自适应调整参数的果蝇优化算法［J］.计算机工程与应用，（7）：50～55.

胡祖志，陈英，何展翔，等.2010.大地电磁并行模拟退火约束反演及应用［J］.石油地球物理勘探，45（4）：597～601.

李翠琳，Dosso Stan E.，Dong Hefeng.2012.根据非线性贝叶斯理论的界面波频散曲线反演［J］.声学学报，37（3）：225～231.

李金铭.2005.地电场与电法勘探［M］.北京：地质出版社.

李志伟，胥颐，郝天珧，等.2006.利用 DE 算法反演地壳速度模型和地震定位［J］.地球物理学进展，（2）：370～378.

刘成忠，黄高宝，张仁陟，等.2014.局部深度搜索的混合果蝇优化算法［J］.计算机应用，（4）：1060～1064.

刘云峰，曹春蕾.1997.一维大地电磁测深的遗传算法反演［J］.浙江大学学报（自然科学版），31（3）：300～305.

柳建新，童孝忠，李爱勇，等.2007.MT 资料反演的一种实数编码混合遗传算法［J］.中南大学学报（自然科学版），38（1）：160～163.

柳建新，童孝忠，杨晓弘，等.2008.实数编码遗传算法在大地电磁测深二维反演中的应用（英文）［J］.地球物理学进展，（6）：1936～1942.

陆民迪.2015.果蝇优化算法改进与分析研究［D］.南宁：广西大学.

罗红明，王家映，朱培民，等.2009.量子遗传算法在大地电磁反演中的应用［J］.地球物理学报，52（1）：260～267.

闵涛，牟行洋.2009.二维波动方程参数反演的微分进化算法［J］.地球物理学进展，（5）：1757～1761.

宁剑平，王冰，李洪儒，等.2014.递减步长果蝇优化算法及应用［J］.深圳大学学报（理工版），（4）：367～373.

潘克家，王文娟，谭永基，等.2009.基于混合差分进化算法的地球物理线性反演［J］.地球物理学报，（12）：3083～3090.

师学明，范建柯，罗红明，等.2009a.层状介质大地电磁的自适应量子遗传反演法［J］.地球科学：中国地质大学学报，（4）：691～698.

师学明，王家映 . 1998. 一维层状介质大地电磁模拟退火反演法 ［J］. 地球科学，23（5）：
　108～111.

师学明，王家映，张胜业，等 . 2000. 多尺度逐次逼近遗传算法反演大地电磁资料 ［J］. 地球
　物理学报，43（1）：122～130.

师学明，肖敏，范建柯，等 . 2009b. 大地电磁阻尼粒子群优化反演法研究 ［J］. 地球物理学
　报，52（4）：1114～1120.

石琳珂 . 1995. 逐步缩小搜索范围的遗传算法 ［J］. 地球物理学进展，（4）：67～79.

孙欢乐，王世彪，郭荣文，等 . 2016. 基于自适应纯形模拟退火法一维大地电磁测深视电阻率
　和相位反演研究 ［J］. 物探化探计算技术，38（5）：584～592.

田玉昆，周辉，袁三一 . 2013. 基于马尔科夫随机场的岩性识别方法 ［J］. 地球物理学报，
　（4）：1360～1368.

王保丽，孙瑞莹，印兴耀，等 . 2015a. 基于 Metropolis 抽样的非线性反演方法 ［J］. 石油地球
　物理勘探，50（1）：111～117.

王保丽，印兴耀，丁龙翔，等 . 2015b. 基于 FFT-MA 谱模拟的快速随机反演方法研究 ［J］. 地
　球物理学报，58（2）：664～673.

王行甫，陈静，王琳 . 2016. 基于适应性动态步长的变异果蝇优化算法 ［J］. 计算机应用，
　（7）：1870～1874.

王家映 . 2007. 地球物理资料非线性反演方法讲座（一）地球物理反演问题概述 ［J］. 工程地
　球物理学报，4（1）：1～3.

王家映 . 2008. 地球物理资料非线性反演方法讲座（五）：人工神经网络反演法 ［J］. 工程地球
　物理学报，5（3）：255～265.

王书明，刘玉兰，王家映 . 2009. 地球物理资料非线性反演方法讲座（九）蚁群算法 ［J］. 工
　程地球物理学报，6（2）：131～136.

王天意 . 2015. 大地电磁迭代有限元与改进差分进化正反演算法研究 ［D］. 北京：中国地质大
　学（北京）.

王文涛，朱培民 . 2009. 地震储层预测中贝叶斯反演方法的研究 ［J］. 石油天然气学报，31
　（5）：263～266.

谢玮，王彦春，刘建军，等 . 2016. 基于粒子群优化最小二乘支持向量机的非线性 AVO 反演
　［J］. 石油地球物理勘探，（6）：1187～1194.

熊杰，孟小红，刘彩云，等 . 2012. 基于差分进化的大地电磁反演 ［J］. 物探与化探，（3）：
　448～451.

徐义贤，王家映 . 1998. 大地电磁的多尺度反演 ［J］. 地球物理学报，41（5）：704～711.

严哲，顾汉明，赵小鹏 . 2009. 基于蚁群算法的非线性 AVO 反演 ［J］. 石油地球物理勘探，
　（6）：700～702.

杨迪琨，胡祥云 . 2008. 含噪声数据反演的概率描述 ［J］. 地球物理学报，51（3）：901～907.

杨辉，王永涛，戴世坤，等 . 2003. 带地形的 MT 多参量二维快速模拟退火约束反演 ［J］. 石
　油地球物理勘探，（2）：213～217.

杨辉，王永涛，王家林，等 . 2001. 大地电磁测深拟二维模拟退火约束反演 ［J］. 海相油气地

质，（1）：47~52.

杨文采. 1997. 地球物理反演的理论与方法 [M]. 地质出版社.

杨文采. 2002. 非线性地球物理反演方法：回顾与展望 [J]. 地球物理学进展，（2）：255~261.

姚姚. 1995. 地球物理非线性反演模拟退火法的改进 [J]. 地球物理学报，（5）：643~650.

姚姚. 2002. 地球物理反演基本理论与应用方法 [M]. 中国地质大学出版社.

易远元，王家映. 2009. 地球物理资料非线性反演方法讲座（十）——粒子群反演方法 [J]. 工程地球物理学报，（4）：385~389.

易远元，袁三一，黄凯，等. 2007. 地震波阻抗反演的粒子群算法实现 [J]. 石油天然气学报，（3）：79~81.

殷长春，齐彦福，刘云鹤，等. 2014. 频率域航空电磁数据变维数贝叶斯反演研究 [J]. 地球物理学报，57（9）：2971~2980.

尹彬，胡祥云. 2016. 非线性反演的贝叶斯方法研究综述 [J]. 地球物理学进展，31（3）：1027~1032.

袁三一，陈小宏. 2008. 一种新的地震子波提取与层速度反演方法 [J]. 地球物理学进展，（1）：198~205.

张繁昌，肖张波，印兴耀. 2014. 地震数据约束下的贝叶斯随机反演 [J]. 石油地球物理勘探，49（1）：176~182.

张广智，王丹阳，印兴耀，等. 2011a. 基于 MCMC 的叠前地震反演方法研究 [J]. 地球物理学报，54（11）：2926~2932.

张广智，王丹阳，印兴耀. 2011b. 利用 MCMC 方法估算地震参数 [J]. 石油地球物理勘探，46（4）：605~609.

张荣峰. 1996. 采用生物遗传算法的大地电磁测深资料反演 [J]. 物探化探计算技术，（1）：67~70.

郑晓龙，王凌，王圣尧. 2014. 求解置换流水线调度问题的混合离散果蝇算法 [J]. 控制理论与应用，（2）：159~164.

周超，冯暄，张冰，等. 2016. 基于模拟退火粒子群算法的裂缝属性识别方法 [J]. 地球物理学进展，31（6）：2796~2800.

A gostinetti N P, Malinverno A. 2010. Receiver function inversion by trans-dimensional Monte Carlo sampling [J]. Geophysical Journal International, 181(2): 858~872.

Atchadé Y F, Roberts G O, Rosenthal J S. 2011. Towards optimal scaling of metropolis-coupled Markov chain Monte Carlo [J]. Statistics and Computing, 21(4): 555~568.

Bodin T, Sambridge M. 2009a. Seismic tomography with the reversible jump algorithm [J]. Geophysical Journal International, 178(3): 1411~1436.

Bodin T, Sambridge M, Gallagher K. 2009b. A self-parametrizing partition model approach to tomographic inverse problems [J]. Inverse Problems, 25(5): 55009.

Bodin T, Sambridge M, Tkalčić H, et al. 2012. Transdimensional inversion of receiver functions and surface wave dispersion [J]. Journal of Geophysical Research: Solid Earth, 117(B2): B2301.

Brest J, Maučec M S. 2011. Self-adaptive differential evolution algorithm using population size reduction and three strategies [J]. Soft Computing, 15 (11): 2157~2174.

Buland A, Kolbjørnsen O. 2012. Bayesian inversion of CSEM and magnetotelluric data [J]. Geophysics, 77 (1): E33~E42.

Chen J S, Hoversten G M, Key K, et al. 2012. Stochastic inversion of magnetotelluric data using a sharp boundary parameterization and application to a geothermal site [J]. Geophysics, 77 (4): E265~E279.

Chen J, Hoversten G M, Nordquist G. 2014. Stochastic inversion of 2D magnetotelluric data using pixel-based parameterization [M]. SEG Technical Program Expanded Abstracts 2014, Society of Exploration Geophysicists, 727~732.

Constable S C, Parker R L, Constable C G. 1987. Occam's inversion: A practical algorithm for generating smooth models from electromagnetic sounding data [J]. Geophysics, 52 (3): 289~300.

Curtis A, Lomax A. 2001. Prior information, sampling distributions, and the curse of dimensionality [J]. Geophysics, 66 (2): 372~378.

deGroot-Hedlin C D, Constable S C. 1990. Occam's inversion to generate smooth, two-dimensional models from magnetotelluric data [J]. Geophysics, 55 (12): 1613~1624.

Dosso S E, Dettmer J. 2011. Bayesian matched-field geoacoustic inversion [J]. Inverse Problems, 27 (5): 55009.

Dosso S E, Holland C W, Sambridge M. 2012. Parallel tempering for strongly nonlinear geoacoustic inversion [J]. The Journal of the Acoustical Society of America, 132 (5): 3030~3040.

Earl D J, Deem M W. 2005. Parallel tempering: Theory, applications, and new perspectives [J]. Physical Chemistry Chemical Physics, 7 (23): 3910~3916.

Erik Rabben T, Tjelmeland H, Ursin B. 2008. Non-linear Bayesian joint inversion of seismic reflection coefficients [J]. Geophysical Journal International, 173 (1): 265~280.

Gallagher K, Charvin K, Nielsen S, et al. 2009. Markov chain Monte Carlo (MCMC) sampling methods to determine optimal models, model resolution and model choice for Earth Science problems [J]. Marine and Petroleum Geology, 26 (4): 525~535.

Gehrmann R A S, Schwalenberg K, Riedel M, et al. 2016. Bayesian inversion of marine controlled source electromagnetic data offshore Vancouver Island, Canada [J]. Geophysical Journal International, 204 (1): 21~38.

Gelf A E, Smith A F M. 1990. Sampling-Based Approaches to Calculating Marginal Densities [J]. Journal of the American Statistical Association, 85 (410): 398~409.

Gelman A, Rubin D B. 1992. Inference from Iterative Simulation Using Multiple Sequences [J]. Statistical Science, 7 (4): 457~472.

Geman S, Geman D. 1984. Stochastic relaxation, gibbs distributions, and the bayesian restoration of images. [J]. IEEE Transactions on Pattern Analysis & Machine Intelligence, 6 (6): 721~741.

Grandis H, Menvielle M, Roussignol M. 1999. Bayesian inversion with Markov chains—I. The magnetotelluric one-dimensional case [J]. Geophysical Journal International, 138 (3): 757-768.

Grandis H, Menvielle M, Roussignol M. 2002. Thin-sheet electromagnetic inversion modeling using Monte Carlo Markov Chain (MCMC) algorithm [J]. Earth, Planets and Space, 54 (5): 511~521.

Green P J. 1995. Reversible jump Markov chain Monte Carlo computation and Bayesian model determination [J]. Biometrika, 82 (4): 711~732.

Guo R W, Dosso S E, Liu J X, et al. 2011. Non-linearity in Bayesian 1-D magnetotelluric inversion [J]. Geophysical Journal International, 185 (2): 663~675.

Guo R W, Dosso S E, Liu J X, et al. 2014. Frequency- and spatial-correlated noise on layered magnetotelluric inversion [J]. Geophysical Journal International, 199 (2): 1205~1213.

Haario H, Laine M, Lehtinen M, et al. 2004. Markov chain Monte Carlo methods for high dimensional inversion in remote sensing [J]. Journal of the Royal Statistical Society: Series B (Statistical Methodology), 66 (3): 591~607.

Haario H, Laine M, Mira A, et al. 2006. DRAM: Efficient adaptive MCMC [J]. Statistics and Computing, 16 (4): 339~354.

Haario H, Saksman E, Tamminen J. 2001. An adaptive Metropolis algorithm [J]. Bernoulli, 7 (2): 223~242.

Haario H, Saksman E, Tamminen J. 2005. Componentwise adaptation for high dimensional MCMC [J]. Computational Statistics, 20 (2): 265~273.

Hastings W K. 1970. Monte Carlo sampling methods using Markov chains and their applications [J]. Biometrika, 57 (1): 97~109.

Hauser J, Gunning J, Annetts D. 2016. Probabilistic inversion of airborne electromagnetic data for basement conductors [J]. GEOPHYSICS, 81 (5): E389~E400.

Hong T C, Sen M K. 2009. A new MCMC algorithm for seismic waveform inversion and corresponding uncertainty analysis [J]. Geophysical Journal International, 177 (1): 14~32.

Kirkpatrick S, Gelatt C D, Vecchi M P. 1983. Optimization by simulated annealing [J]. science, 220 (4598): 671~680.

Laloy E, Vrugt J A. 2012. High-dimensional posterior exploration of hydrologic models using multiple-try DREAM (ZS) and high-performance computing [J]. Water Resources Research, 48 (1): 182~205.

Lee H K, Higdon D M, Bi Z, et al. 2002. Markov random field models for high-dimensional parameters in simulations of fluid flow in porous media [J]. Technometrics, 44 (3): 230~241.

Li C, Xu S, Li W, et al. 2012. A Novel Modified Fly Optimization Algorithm for Designing the Self-Tuning Proportional Integral Derivative Controller [J]. Journal of Convergence Information Technology, 7 (16): 69~77.

Linde N, Vrugt J A. 2013. Distributed soil moisture from crosshole ground-penetrating radar travel times using stochastic inversion [J]. Vadose Zone Journal, 12 (1).

Liu S, Hu X, Liu T, et al. 2005. Ant colony optimisation inversion of surface and borehole magnetic data under lithological constraints [J]. Journal of Applied Geophysics, 112: 115~128.

Luo X. 2010. Constraining the shape of a gravity anomalous body using reversible jump Markov chain Monte Carlo [J]. Geophysical Journal International, 180 (3): 1067~1079.

Malinverno A. 2002. Parsimonious Bayesian Markov chain Monte Carlo inversion in a nonlinear geophysical problem [J]. Geophysical Journal International, 151 (3): 675~688.

Malinverno A, Leaney W S. 2005. Monte-Carlo Bayesian look-ahead inversion of walkaway vertical seismic profiles [J]. Geophysical Prospecting, 53 (5): 689~703.

Metropolis N, Rosenbluth A W, Rosenbluth M N, et al. 1953. Equation of State Calculations by Fast Computing Machines [J]. Journal of Chemical Physics, 21 (6): 1087~1092.

Minsley B J. 2011. A trans-dimensional Bayesian Markov chain Monte Carlo algorithm for model assessment using frequency-domain electromagnetic data [J]. Geophysical Journal International, 187 (1): 252~272.

Mitić M, Vuković N, Petrović M, et al. 2015. Chaotic fruit fly optimization algorithm [J]. Knowledge-Based Systems, 89: 446~458.

Mosegaard K, Sambridge M. 2002. Monte Carlo analysis of inverse problems [J]. Inverse Problems, 18 (3): R29.

Mosegaard K, Tarantola A. 1995. Monte Carlo sampling of solutions to inverse problems [J]. Journal of Geophysical Research: Solid Earth, 100 (B7): 12431~12447.

Pan Q, Sang H, Duan J, et al. 2014. An improved fruit fly optimization algorithm for continuous function optimization problems [J]. Knowledge-Based Systems, 62: 69~83.

Pan W. 2012. A new Fruit Fly Optimization Algorithm: Taking the financial distress model as an example [J]. Knowledge-Based Systems, 26: 69~74.

Parker R L. 1977. Understanding Inverse Theory [J]. Annual Review of Earth & Planetary Sciences, 5 (4): 35~64.

Ray A, Alumbaugh D L, Hoversten G M, et al. 2013. Robust and accelerated Bayesian inversion of marine controlled-source electromagnetic data using parallel tempering [J]. Geophysics, 78 (6): E271~E280.

Ray A, Key K. 2012. Bayesian inversion of marine CSEM data with a trans-dimensional self parametrizing algorithm [J]. Geophysical Journal International, 191 (3): 1135~1151.

Ray A, Key K, Bodin T, et al. 2014. Bayesian inversion of marine CSEM data from the Scarborough gas field using a transdimensional 2-D parametrization [J]. Geophysical Journal International, 199 (3): 1847~1860.

Ray A, Sekar A, Hoversten G M, et al. 2016. Frequency domain full waveform elastic inversion of marine seismic data from the Alba field using a Bayesian trans-dimensional algorithm [J]. Geophysical Journal International, 205 (2): 915~937.

Rodi W, Mackie R L. 2001. Nonlinear conjugate gradients algorithm for 2-D magnetotelluric inversion [J]. Geophysics, 66 (1): 174~187.

Rosas-Carbajal M, Linde N, Kalscheuer T, et al. 2014. Two-dimensional probabilistic inversion of plane-wave electromagnetic data: methodology, model constraints and joint inversion with electrical resistivity data [J]. Geophysical Journal International, 196 (3): 1508~1524.

Rothman D H. 1985. Nonlinear inversion, statistical mechanics, and residual statics estimation [J]. Geophysics, 50 (12): 2784~2796.

Rothman D H. 1986. Automatic estimation of large residual statics corrections [J]. Geophysics, 51 (2): 332~346.

Sambridge M. 2014. A Parallel Tempering algorithm for probabilistic sampling and multimodal optimization [J]. Geophysical Journal International, 196 (1): 357~374.

Sambridge M, Gallagher K, Jackson A, et al. 2006. Trans-dimensional inverse problems, model comparison and the evidence [J]. Geophysical Journal International, 167 (2): 528~542.

Sambridge M, Mosegaard K. 2002. Monte Carlo methods in geophysical inverse problems [J]. Reviews of Geophysics, 40 (3): 1~3.

Saygin E, Cummins P R, Cipta A, et al. 2016. Imaging architecture of the Jakarta Basin, Indonesia with transdimensional inversion of seismic noise [J]. Geophysical Journal International, 204 (2): 918~931.

Schwarz G. 1978. Estimating the dimension of a model [J]. The annals of statistics, 6 (2): 461~464.

Sen M K, Stoffa P L. 1996. Bayesian inference, Gibbs' sampler and uncertainty estimation in geophysical inversion [J]. Geophysical Prospecting, 44 (2): 313~350.

Shaw R, Srivastava S. 2007. Particle swarm optimization: A new tool to invert geophysical data [J]. Geophysics, 72 (2): F75~F83.

Smith J T, Booker J R. 1991. Rapid inversion of two - and three - dimensional magnetotelluric data [J]. Journal of Geophysical Research: Solid Earth, 96 (B3): 3905~3922.

Stoffa P L, Sen M K. 1991. Nonlinear multiparameter optimization by genetic algorithms Inversion of plane wave seismograms [J]. Geophysics, 56 (11): 1794~1810.

Storn R, Price K. 1995. Differential evolution—a simple and efficient adaptive scheme for global optimization over continuous spaces [M]. ICSI Berkeley.

Storn R, Price K. 1997. Differential Evolution—A Simple and Efficient Heuristic for global Optimization over Continuous Spaces [J]. Journal of Global Optimization, 11 (4): 341~359.

Swendsen R H, Wang J S. 1986. Replica Monte Carlo simulation of spin glasses [J]. Physical Review Letters, 57 (21): 2607~2609.

Tarantola A. 1987. Inverse problem theory : methods for data fitting and model parameter estimation [M]. Elsevier: 613.

Tarantola A, Valette B. 1982. Inverse problems = quest for information [J]. Journal of Geophysics, 50 (3): 150~170.

Tarits P, Jouanne V, Menvielle M, et al. 1994. Bayesian statistics of non-linear inverse problems: example of the magnetotelluric 1-D inverse problem [J]. Geophysical Journal International, 119 (2): 353~368.

Ter Braak C J F. 2006. A Markov Chain Monte Carlo version of the genetic algorithm Differential Evolution: easy Bayesian computing for real parameter spaces [J]. Statistics and Computing, 16 (3): 239~249.

Titus W, Titus S, Davis J. 2017. A Bayesian approach to modeling 2D gravity data using polygons [J]. GEOPHYSICS, G1~G21.

Tkalčić H, Bodin T, Young M, et al. 2013. On the nature of the P-wave velocity gradient in the inner core beneath Central America [J]. Journal of Earth Science, 24 (5): 699~705.

Ulrych T, Sacchi M, Woodbury A. 2001. A Bayes tour of inversion: A tutorial [J]. Geophysics, 66 (1): 55~69.

Voronoi G. 1908. Nouvelles applications des paramètres continus à la théorie des formes quadratiques. Deuxième mémoire. Recherches sur les parallélloèdres primitifs [J]. Journal Für Die Reine Und Angewandte Mathematik, (134): 198~287.

Vrugt J A, ter Braak C J F, Clark M P, et al. 2008. Treatment of input uncertainty in hydrologic modeling: Doing hydrology backward with Markov chain Monte Carlo simulation [J]. Water Resources Research, 44 (12): W00B09.

Wirth E A, Long M D, Moriarty J C. 2017. A Markov chain Monte Carlo with Gibbs sampling approach to anisotropic receiver function forward modeling [J]. Geophysical Journal International, 208 (1): 10~23.

Xu J, Song X. 2012. Ant Colony Optimization for Nonlinear Inversion of Rayleigh Waves [M]. Bio-Inspired Computing and Applications: 7th International Conference on Intelligent Computing, ICIC 2011, Zhengzhou, China, August 11~14. 2011, Revised Selected Papers, Huang D, Gan Y, Premaratne P, et al, Berlin, Heidelberg: Springer Berlin Heidelberg, 370~377.

Yang M, Li C, Cai Z, et al. 2015. Differential Evolution With Auto-Enhanced Population Diversity [J]. IEEE Transactions on Cybernetics, 45 (2): 302~315.

Zhu W, Tang Y, Fang J, et al. 2013. Adaptive population tuning scheme for differential evolution [J]. Information Sciences, 223: 164~191.